KB154188

건강 상류층 식탁의 비밀

텔로미어 식단

노벨 의학상이 밝힌 텔로미어 효과

DNA가 젊어지는 최고의 식사법

“

의학의 아버지 히포크라테스는 음식으로 못 고치는 병은
의사도 고칠 수 없다는 명언을 남겼습니다.
젊고 건강한 삶! 그 열쇠는 바로 무엇을 어떻게 먹느냐에 달려 있습니다

”

prologue

아름답고 활기찬 생활!
텔로미어 식사법으로 시작해요

어머니가 텃밭에서 막 뜯어낸 상추와 쑥갓의 향이 아직도 코끝에 맴도는 것 같아요. 각자의 색과 향을 지닌 채소들이 마치 어린 나에게 말을 걸어오는 것 같았죠. 어린 시절 접한 음식에 대한 기억이 유난히 또렷해서 였을까요. 내가 잘 하는 것, 좋아하는 것이 곧 음식이 되었어요. 음식을 맛보고, 만들며 자연과 가까운 식재료에 관심을 두고 연구하며 지금까지 왔습니다. 어떻게 먹어야 더 건강하고 젊게 살아갈 수 있을까 하는 고민은 제 자신뿐만 아니라 많은 사람들과 나눌 수 있는 의미 있는 일이기에 끊임없이 노력해왔습니다.

병색이 짙은 어머니를 만나던 날을 아직도 잊지 못해요. 간암 말기로 시한부 판정을 받은 어머니께 안방을 내어드리고 직접 식사를 챙기며 보살펴 드렸습니다. 간 기능을 상실한 어머니께 생식은 철저히 피하고 익힌 채소를 기반으로 한 음식을 챙겨드리자 통증이 많이 호전되었고 마지막까지 정신도 맑게 유지하며 지내셨습니다. 이러한 경험으로 음식의 중요성을 더욱 깨닫게 되어 식품에 대한 공부를 본격적으로 시작하게 되었습니다. 막연하게 느끼던 식품의 효능에 대해 과학적으로 알아가면서 음식으로 일반인뿐 아니라 환자들의 건강 유지에 많은 도움을 줄 수 있다는 확신을 갖게 되었죠. 100세 시대의 현대인들에게 음식을 잘 선택하고 먹는 일은 정말 중요합니다. 건강하게 오래 사는 사람들은 죽음 전에 짧은 시간 질병을 앓다가 사망한다고 해요. 만성질환에 시달리는 시간을 줄이고 활기차게 오래 살기 위해서는 건강한 생활습관과 함께 좋은 식습관을 길러야 합니다.

염색체의 끝단에 자리 잡고 있는 텔로미어(telomere)는 오래전부터 '생명 연장'의 비밀을 풀 열쇠로 과학계의 주목을 받아왔죠. 염색체의 유전 정보를 보호하는 텔로미어는 세포 분열이 거듭되면서 점점 짧아집니다. 결국 세포는 분열을 멈추고 죽게 됩니다. 그런데 이 텔로미어의 길이는 나이가 들어감에 따라 무조건 짧아지는 것이 아니라 노력에 따라 길어질 수도 있다는 사실에 놀랍고도 반가웠어요. 깨끗한 공기와 물, 건강한 먹거리를 통해 각종 전염병이나 질병으로부터 자유로워지고, 이웃들이 마음을 나누며 서로 살펴주고 어울리면서 살 수 있는 환경을 만들어 준다면 텔로미어의 길이가 늘어나고 자연히 건강수명도 길어지게 된다는 것이죠. 그렇다면 텔로미어에 좋은 식생활이란 어떤 것일까요?

오랜 기간 연구하고 실천해왔던 건강한 식생활이 바로 텔로미어의 길이를 늘려 주는 중요한 힘이라는 사실을 발견하고 마음이 설렜습니다. 시간이 갈수록 연구에 더욱 빠져들게 되었고 제가 공부한 결과들을 여러분들과 나누고자 마침내 이 책을 쓰게 되었습니다.

최근 COVID-19로 세상이 혼란 속에 빠져 있습니다. 고령자, 면역 기능이 저하된 환자 및 기저 질환을 가진 많은 환자들이 사망하고 있어요. 이 공포스러운 상황이 지금도 진행형입니다. 이럴 때일수록 우리 몸의 면역력을 잘 유지하는 것이 중요합니다. 제가 제안하는 텔로미어 식사법은 면역력을 키워주어 바이러스로부터 우리 몸을 보호해 주는 아주 똑똑한 건강법이기도 합니다.
음식으로 치유할 수 있는 비밀과 병을 예방하는 효과가 담겨있죠. 보다 안전한 조리법과 함께 어떤 음식들이 특정 질병을 예방하거나 유발한다는 것을 알게 된다면 우리가 선택할 수 있는 음식의 기준이 보다 명확해질 거예요.
이제 그동안의 경험과 지식을 바탕으로 음식을 통해서 건강을 유지하고 젊음을 오래 유지할 수 있는 방법을 제안해보고자 합니다. 웰빙시대가 도래하면서 우리는 건강을 위한 정보를 끊임없이 찾아다니지만 정보의 홍수 속에 정작 자신에게 맞는 내용을 찾기가 어려워요. 이 책은 내 몸에 전문가가 되고 싶은 모든 사람들에게 유익한 정보를 담고 있습니다. 건강과 젊음을 위해 무엇을 어떻게 먹어야 좋을까 하는 고민에 대한 명쾌한 답을 제시합니다. 준비하기 쉽고 조리가 간편하며 맛있는 텔로미어 요리 비법들을 가득 담았고, 텔로미어에 좋은 식재료 이야기들도 잘 정리해 넣어두었어요. 자신의 건강을 위해 요리하는 즐거움을 꼭 경험하시길 바랍니다.

2021년 1월
이채윤

contents

목차

PART 3.

100세 시대, 텔로미어에 좋은 음식 설계

contents

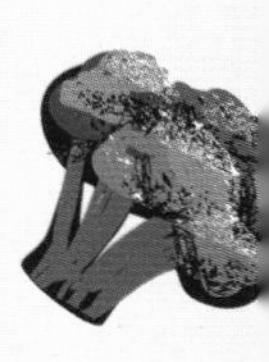

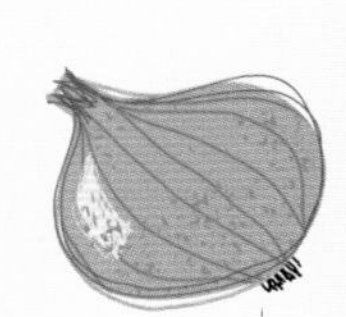

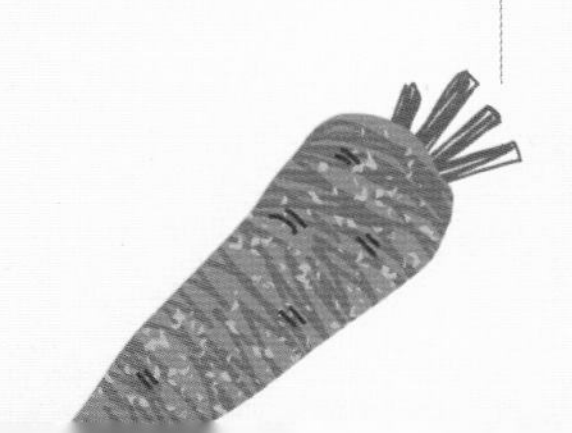

PART 1.

인간의 수명 시계, 텔로미어

01
노벨 의학상이 밝힌 텔로미어 효과

세포의 재생이 잘 되어야 더 오래 젊게 산다

동창회 날이면 약속 시간 한참 전부터 거울 앞에서 긴 시간을 보내곤 한다. 혹시나 동기들보다 더 나이 들어 보이지 않을까 하는 걱정에 화장과 머리스타일을 몇 번이고 매만진다.
동기들이라 모두 같은 나이인데 어떤 친구는 나이보다 훨씬 젊고 생기 있어 보이고 어떤 친구는 말 그대로 폭삭 늙어 보인다. 모임 기념사진이라도 받아들면 더 극명해져 친구들끼리 비교가 절로 된다. 또래라는 것이 믿기지 않을 정도로 차이가 나 보이는데, 단지 외모만 그런 것이 아니다. 주말에 산에 오르다 보면 어떤 친구는 거뜬히 오르며 여유가 있는 반면 또 다른 친구는 얼마 오르지 않아 쉽게 지치고 피곤하다고 하소연한다.
왜 이런 현상이 생기는 것일까? 노화란 우리 몸을 이루고 있는 세포 안에서 벌어지는 활동이다. 노화와 관련된 질환과 장애에 걸리는 사람은 더 빨리 늙는 반면, 세포의 재생이 잘 되고 있는 사람은 더 오래 젊게 살 수 있다.
인류는 그동안 어떻게 하면 조기에 세포가 노화되는 것을 막고 건강수명을 늘릴 수 있는지 그 답을 알기 위해 무수히 많은 노력을 해왔다. 드디어 그 비밀이 밝혀졌다. 세포의 재생과 아주 밀접하게 관련 있는 것이 바로 텔로미어라는 것이다.
텔로미어(telomere)는 세포 속 염색체의 양 끝단에 자리한다. 그리스어로 '끝'을 뜻하는 'telos'와 '부위'를 가리키는 'meros'의 합성어로 DNA 양 끝에 붙어있는 반복 염기서열을 말한다. 마치 신발 끈 끝에 달린 플라스틱 마개와 같은 이 구조는 염색체의 손상을 막아주는 보호 덮개 역할을 한다. 염색체 끝부분이 이웃 염색체와 결합하거나 분해되지 않도록 보호해 주는 것이다.
우리가 궁금해했던 빠른 노화와 느린 노화 그 이유가 바로 텔로미어에 있었다. 텔로미어의 분자 특성과 텔로미어를 유지하는 효소인 텔로머라아제를 발견한 공로로 앨리자베스 블랙번(Elizabeth H. Blackburn), 캐럴 그리더(Carol W. Greider), 잭 쇼스텍(Jack W. Szostak) 등 세 사람은 2009년 '노벨 생리의학상'을

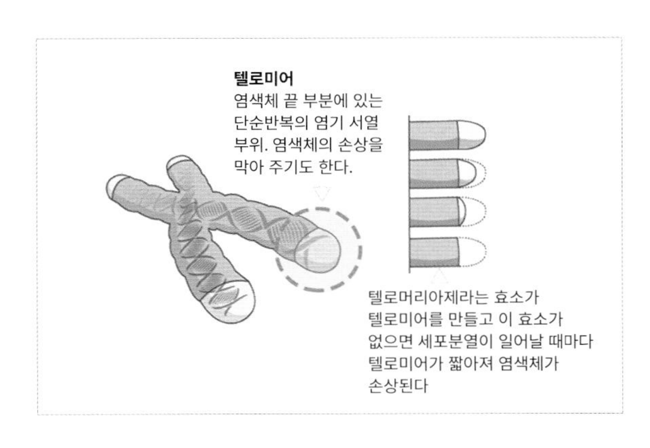

노화에 결정적인
영향을 주는 텔로미어

수상했다. 이들이 그동안 직접 연구해온 내용과 수많은 논문을 리뷰한 저서《늙지 않는 비밀》의 내용은 상당히 흥미롭다.

텔로미어는 우리 몸이 노화되고 죽음에 이르는 데 결정적인 영향을 미친다.

신체의 중요한 조직들이 건강하려면 세포는 재생을 계속해내야 한다. 겉으로 보기엔 우리의 신체 조직이 늘 비슷한 거 같지만, 실은 적절한 때에 새로운 세포로 계속 재생되고 있다. 세포분열을 통해 온전한 재생을 돕는 것이 바로 텔로미어다.

그런데 텔로미어는 세포분열이 반복될수록 길이가 짧아진다. 저서에 따르면 사람의 체세포에 있는 텔로미어의 길이는 보통 5~10kb(1kb는 DNA 염기 1000개 길이)이고, 세포분열이 일어날 때마다 50~200bp(bp는 1염기길이)만큼 줄어든다.

텔로미어가 짧아지다가 노화점(인간의 경우, 1~2kb) 이하로 줄어들면 복제를 중단하라는 신호를 보내게 된다. 그러면 세포는 분열을 멈추고 더 이상 재생할 수 없어 점점 늙어간다. 늙은 세포는 제 기능을 못하고 노화의 수순을 밟게 되며, 노화된 세포는 스트레스에 대처하지 못하고 조금씩 질병으로 이어지다가 죽음에 이른다.

텔로미어를 잘 관리한다면 더 오래 젊고 건강한 삶을 누릴 수 있으며, 인간의 소망인 무병장수의 길에 한 걸음 더 다가서게 될 것이다.

02
늙지 않는 비밀을 밝히다

텔로미어가 더 짧아지는 이유

텔로미어는 인간의 수명을 짐작할 수 있게 해주기에 인간의 수명 시계라고도 불린다. 그런데 어떤 원인으로 텔로미어의 길이가 짧아질까? 연구에 의하면 텔로미어를 손상해 노화를 빠르게 진행 시키는 가장 큰 원인은 활성산소에 의한 산화스트레스다.

활성산소란 인체에서 영양분을 섭취하여 에너지를 만드는 과정에서 발생하는 산소를 말한다. 이는 병원체나 이물질 등을 공격하는 소독약 역할을 하기도 하지만 수소결합으로 이루어진 DNA 연결고리 부분을 절단하거나 산화시켜 다른 구조로 변화시킨다. 물론 평상시 우리 몸에 활성산소를 억제할 수 있을 정도의 항산화 물질이 충분히 있다면 별로 문제가 되지 않는다. 반대로 항산화 물질이 부족하여 활성산소의 놀이터가 된다면 심각한 문제가 일어난다. 마치 녹슨 철처럼 파괴된 우리 몸의 세포는 죽거나 제 기능을 할 수 없게 된다. 변종 세포가 생길 수도 있다.
또한 사람의 소장 점막에는 세포와 세포 사이에 치밀한 결합이 있는데 노화로 인해 느슨해지면 세균이나 소화되지 않은 음식물과 중금속 등이 침투하게 된다. 이때 점막 안으로 유해 물질이 들어오면 면역세포가 이들을 제거하면서 생긴 염증반응이 일어난다. 이것 역시 텔로미어를 손상시킨다.

손상된 텔로미어를 복원시키는 텔로머라아제

텔로미어의 손상으로 길이가 짧아지면 노화가 앞당겨지고 질병에 걸린다.
그렇다면 생활방식을 잘 관리하면 텔로미어의 길이를 늘릴 수도 있는 것일까?
결론은 놀랍게도 "그렇다."이다.
엘리자베스 블랙번(Elizabeth H. Blackburn)의 연구팀은 텔로미어가 효소를 끌어들여서 DNA를 덧붙일 수 있다는 사실을 발견해 냈다. 이 새로이 발견된 효소에는 '텔로머라아제'*라는 이름이 붙여졌다. 텔로머라아제는 세포분열 때 사라지는 DNA를 복원한다. 즉, 세포분열에 따라 텔로미어가 줄어드는 것을 늦추거나, 중단시키거나 더 나아가서 복원시킬 수도 있다. 텔로머라아제를 통해서 텔로미어의 재생이 가능하다는 것이다. 텔로머라아제가 제 기능을 발휘할 수 있게 해주는 힘이 바로 음식에서 나온다. 결국 건강한 식습관이 노화 예방의 중요한 열쇠가 된다.

*텔로머라아제 / 텔로미어가 짧아지는 것을 막아주는 단백질 효소. DNA를 합성시키는 역할을 하며, 세포분열에서 짧아진 텔로미어의 끝부분을 연장할 수 있는 기초가 된다.

건강한 생활습관으로 텔로미어를 관리하자

텔로미어가 더 오랫동안 길게 유지될지, 아니면 일찍 짧아지게 될지는 텔로머라아제를 활성화시킬 수 있는 우리의 생활습관에 달려있다. 텔로미어를 잘 관리하기 위해 관심을 기울여야 할 부분에 대해 알아보자.

첫째, '스트레스'와 '텔로미어'는 밀접한 관계가 있다. 흔히 말하는 '부정적인 스트레스'가 아니라 '긍정적 스트레스'의 효과를 말한다. 우리가 어떠한 상황에 마주할 때 '나쁜 스트레스'로 느끼기보다 '좋은 스트레스'로 느낄 때 심장 박동이 증가하고 피에 산소가 더 주입된다. 피가 심장과 뇌로 더 많이 흘러들도록 해주는 긍정적인 효과다. 이때 부신은 코르티솔을 분비하여 몸의 에너지를 늘린다. 운동을 할 때 일어나는 것과 같은 건강한 스트레스 반응이다. 이러한 도전 반응은 어떤 일을 할 때, 보다 더 정확한 판단을 내릴 수 있게 판단력을 높여주기도 하고 뇌의 노화를 늦춰주어 치매의 위험을 감소시켜 주는 것과도 관련이 있다. 크게 성공한 사람일수록 끊임없이 다가오는 삶의 문제들을 힘들어 하기보다 오히려 극복해야 할 도전과제로 여긴다. 이처럼 강한 도전 반응은 텔로미어를 건강하게 지켜준다. 다시 말해서 어떠한 일을 겪게 될 때 이것을 위협으로 느끼기보다는 도전으로 받아들이는 사람의 텔로미어 길이가 더 길다는 것이다.

반면에 나쁜 스트레스가 오래 지속될수록 텔로미어의 길이가 짧아진다. 이러한 사실을 볼 때 우리 모두는 살아가면서 수많은 스트레스에 노출되게 되지만 똑같은 상황에서도 어떠한 관점으로 생각하느냐에 따라 텔로미어를 보호할 수가 있다는 것을 알 수 있다.

둘째, 명상을 하거나 마음공부를 하면 텔로미어가 길어진다고 말한다. 집중력이 텔로미어 보호에 도움이 된다는 것이다. 따라서 스스로 정신을 집중할 수 있는 힘을 키우기 위해 노력을 하면 된다. 심호흡만으로도 우리 스스로 내 몸의 세포를 재생시킬 수 있다. 얼마나 쉬운 일인가. 아침에 눈을 뜨면서 침대 위에서나 점심 식사 후 잠깐 산책길에서 잊지 말고 심호흡에 집중해 보자. 작은 습관이 의지보다 강하다는 것을 잊지 말자.

셋째, 건강한 수면습관이다. 연령에 따라 다르지만 성인의 충분한 수면 시간은 7시간 이상으로 수면 부족이 수명을 단축시키며 야간 근무가 암을 유발한다는 보고가 있다. 흔히 수면 유도 호르몬이라고 알고 있는 멜라토닌(melatonin)은 1917년 피부 관련 연구로 최초 발견된 호르몬이다. 멜라토닌이 갖고 있는 가장 매력적인 기능은 산소 찌꺼기라고 할 수 있는 유해산소를 없애주는 항산화 작용이라고 할 수 있는데 이 때문에 피부 노화와도 관계가 깊다.

낮에 햇빛을 30분 이상 충분히 받으며 조깅과 같은 활동을 하면 푹 잘 자게 되고 수면의 질이 높아지면 멜라토닌 호르몬이 더 잘 분비된다. 멜라토닌 호르몬은 망막에 도달하는 빛이 어두워지면서 분비량이 증가된다. 따라서 침실은 어두울수록 좋다. 만약 침실 환경을 어둡게 만들기 어려울 때는 안대를 이용해 같은 효과를 볼 수 있다.

멜라토닌 호르몬은 기억과 학습을 향상시키고 치매 원인 물질인 베타아밀로이드의 생성을 억제해 치매를 예방하는 기능이 있다. 잠을 잘 잤던 사람도 나이 들수록 수면의 양이 자연스럽게 줄어들고, 부족해진 수면은 노인치매의 원인이 되기도 한다.

멜라토닌 호르몬은 세포의 산소 대사 과정에서 생기는 유해 산소의 작용을 억제하여 노화 방지와 면역력을 증가시키는 역할을 하기 때문에 일종의 만병통치약이라고 할 수 있다. 암을 예방하고 건강한 몸과 피부를 유지하는 데 꼭 필요한 선물이다.

마지막으로 긍정적 정서(Positive emotions)라는 것이 있다. 누군가를 도우면서 느끼는 기쁨과 새로운 것을 알고자 하는 호기심으로부터 시작한다. 나아가서 관심과 흥미를 느끼며 감정적인 만족과 그에 따른 자긍심이 행복한 기분을 느끼게 한다. 이것은 사고의 폭을 넓혀주고 개인의 자원을 사회적, 신체적, 지적, 예술적으로 확대하는 정서로 웰빙의 표식이다. 여기에는 연인과의 사랑도 포함된다.

PART 2.

젊게 사는 비결,
텔로미어에 유리한 식사 관리

01
노화를 예방하는 항산화 밥상

항산화 성분, 보충제보다 음식이 답이다

숨을 쉬고 음식을 먹는 과정에서 활성산소가 만들어지기에 활성산소가 생기는 것을 피할 수는 없다. 물론 우리 몸이 항산화 물질을 스스로 만들어 대처하기도 하지만 활성산소의 양이 늘어나면 억제하지 못할 수 있다. 그럴 때는 항산화 성분을 더 만들 수 있도록 원료를 보충해 줘야 한다. 그것이 바로 음식이다. 전문가들은 영양제 형태의 보충제를 권하지 않는다. 그런데 여기서 잠깐! '음식을 먹고 소화하는 과정에서 활성산소가 만들어진다는데, 항산화 성분을 보충하기 위해 음식을 먹게 되면 또 활성산소가 더 늘어나지 않을까'라는 걱정이 생길 수 있다. 맞다. 그래서 골라 먹어야 한다. 어떤 음식을 먹고 소화하면서 생기는 활성산소의 양보다 그 음식에서 얻는 항산화 성분의 양이 더 많은 음식을 먹으면 된다. 일명 몸에 좋은 약이 되는 음식이다. 어떤 음식이 있는지 알아보자.

텔로미어가 길어지는 지중해 식단

텔로미어에 좋은 영향을 주는 식단이란 가공되지 않은 식재료를 이용해서 간단히 조리하여 먹는 것이다. 예를 들어 갓 잡은 싱싱한 생선, 다양하고 신선한 채소와 과일, 통곡물 같은 홀 푸드를 기본으로 하는 지중해 식단은 텔로미어의 길이를 늘려주는 이상적인 식단이다.

학자들은 지중해 식단을 따르는 이들의 텔로미어의 길이가 평균보다 더 길다고 본다. 국내 중장년 집단을 대상으로 연구한 결과 해조류와 물고기를 많이 섭취한

주요 항산화 성분과 식품 종류

사람이 적색육, 정제 식품 및 가공식품을 많이 섭취한 사람보다도 10년 후에 텔로미어 길이가 길었다는 결과가 나왔다. 이 같은 사실은 콩, 견과류, 해조류, 과일, 유제품을 주로 먹으면서 붉은 살코기와 가공육, 가당 탄산음료를 적게 먹는 사람이 백혈구의 텔로미어 길이가 더 길다는 연구결과와도 일치한다.
비결은 풍부한 항산화 물질 덕분이다. 닭고기, 장어, 참치, 연어 등에는 노화를 억제하는 성분인 '카르노신'이라는 항산화 물질이 특히 많이 들어있다. 이러한 천연 항산화제를 자주 섭취하는 것이 텔로미어 관리에 좋은 습관이 된다.

젊음을 되찾아주는 항산화 비타민

인체에 치명적인 산화스트레스로부터 우리 몸을 보호해 주는 것이 바로 항산화 물질인 비타민 C와 비타민 E다. 이런 이유로 매일 과일과 채소를 먹어야 한다. 특히 통곡물인 콩과 씨앗류, 견과류 그리고 감귤류와 토마토, 사과, 자두, 당근, 녹색 잎채소류와 녹차에는 다량의 항산화 비타민이 풍부하므로 다양한 채소와 과일을 매일 먹는 습관을 들이는 것이 좋다. 나는 가능하면 1일 1 식은 항산화 식품을 주재료로 한 음식을 섭취하려고 노력한다.

텔로미어가 짧아지지 않게 돕는 파이토케미컬

파이토케미컬은 식물이 스스로 만들어낸 화학물질이다. 이동할 수 없는 식물은 곤충이나 곰팡이 등 외부의 열악한 환경으로부터 살아남기 위해 화학물질을 만들어 내는데 이 가운데 건강에 유익한 미량의 성분들을 파이토케미컬이라고 부른다. 파이토케미컬은 채소나 과일의 화려하고 짙은 색소에 많이 들어있는데 주로 껍질 가까이에 많다. 식물의 생존을 도와주는 파이토케미컬은 해충이나 곤충에게는 독이 되는 식물의 방어 물질이지만 사람이 섭취할 경우에는 인체내에서 항산화 작용을 한다. 사람에게는 대단히 유익한 물질이 되는 셈이다.
파이토케미컬은 항산화 작용을 통해서 세포 노화로 인한 활성산소를 없애고 암을 예방하는 데도 도움을 주는 기특한 물질이다. 그 밖에도 면역력 증진과 혈액순환 개선, 염증 억제, 해독 작용 등의 효능을 가지고 있어서 텔로미어의 길이가 짧아지지 않도록 돕는다.
우리 몸속에는 활성산소를 해가 없는 물질로 바꿔주는 항산화 효소가 있어서 활성산소가 어느 정도 선에서 더 이상 증가하지 않도록 막아준다. 그러나 나이가 들어가면서 효소의 활성산소 제거 능력이 급격히 떨어지기 때문에 음식을 통해 항산화 물질을 섭취하는 것이 중요하다.
우리가 식탁에서 쉽게 섭취할 수 있는 파이토케미컬의 종류를 살펴보자.

안토시아닌 식사와 함께 약간의 와인을 마시면 심장병을 예방한다는 얘기가 바로 안토시아닌 때문이다. 포도와 블루베리, 가지, 흑미에 많이 들어있다. 심장질환과 뇌졸중의 위험을 감소시키며 아스피린보다 10배 강한 살균효과를 지니고 있다.
카로티노이드 당근, 호박, 오렌지, 홍피망, 잎채소 등 노랑이나 오렌지색을 띠는 과일과 채소에 많이 들어있다. 활성 산소 및 유해 물질로부터 세포를 보호하고 노화를 예방한다.
이소플라본 식물성 에스트로겐으로 유방암의 예방효과가 있고 혈중 콜레스테롤 수치를 감소시키며 골다공증을 예방한다. 콩, 된장, 두부, 석류 등에 많이 들어있다.
라이코펜 빨간색을 띠는 과일이나 채소에 풍부한데 특히 토마토, 고추, 대추, 딸기 등에 많이 들어있다. 강력한 항암효과가 있고 특히 전립선암에 효과적이다.
루테인 건강한 눈의 망막에 있는 색소 중의 하나로 눈에 좋은 것으로 알려져 있다.

브로콜리, 아보카도, 키위 등에 풍부하다.

알리신 강력한 항암작용을 하며 혈중 콜레스테롤 수치를 내려 고혈압과 동맥경화를 예방한다. 마늘, 양파, 부추, 파 등에 풍부하다.

플라보노이드 감염과 암 성장의 억제 효과가 있다. 사과, 시트러스 과일, 양파, 콩, 두부, 커피 등에 들어있다.

파이토케미컬은 보충제보다 음식으로 섭취해야 한다. 또한 다른 물질들과 함께 상호 작용할 때 효과가 커진다. 따라서 밥을 지을 때 현미와 흑미, 검정콩 등 잡곡을 섞어 먹자. 하루에 5가지 이상의 다양한 과일과 채소를 섭취하면 각기 다른 파이토케미컬을 섭취하여 시너지 효과를 얻을 수 있다. 채소나 과일을 고를 때는 선명한 색을 지닌 신선한 것으로 골라 껍질째 먹도록 한다. 고기를 먹을 때는 콜레스테롤 수치를 낮춰주는 다양한 색의 채소를 넉넉히 구워서 주 요리로 준비하고 고기는 곁들여 먹는 식습관을 기른다. 지금부터라도 꾸준하게 습관을 만들면 분명 10년 후의 나의 모습이 달라질 것이다.

02
건강장수하려면 GL 지수가 낮은 음식을 찾아라

세포를 괴롭히는 인슐린 저항성

우리가 평소 즐기는 탄산음료나 달콤한 디저트에는 설탕이 많이 들어있다. 이 달콤한 것들이 목으로 넘어가면 즉시 췌장에서 인슐린이 분비되어 당이 세포 안으로 들어가도록 돕는다. 혈액 내에 포도당이 늘어나면서 혈당이 높아지게 되면 간이 당을 지방으로 바꾸기 시작하고 1시간 이내에 혈당이 다시 떨어지게 된다. 그러면 우리 몸은 다시 당을 섭취하고 싶다는 생각을 하게 되고 이런 일이 반복되면서 인슐린 저항성이 생기게 된다. 인슐린 저항성이 높아지면 인슐린이 제 기능을 못해 포도당이 세포 속으로 들어가지 못하기 때문에 세포는 영양부족 상태에 빠져 텔로미어가 손상된다. 결국 혈액은 포도당 과잉 상태에 빠져 당뇨, 비만, 동맥경화, 치매 등 무서운 합병증에 노출된다.

알아두면 좋은 GL 지수

건강장수를 원한다면 GL 지수가 낮은 음식을 골라 먹어야 한다. GL 지수란 탄수화물을 섭취했을 때 대사가 되는 과정에서 혈당을 증가시키는 정도를 말한다. GL 지수가 낮은 식품을 섭취하면 혈당을 천천히 올리고 식욕을 조절해 주기 때문에 체중조절에 도움이 된다.

GL 지수가 낮은 식품으로는 통밀빵, 토마토주스, 메밀면, 오트밀, 우유, 대두, 애호박, 사과, 자몽, 체리, 오렌지, 복숭아, 배, 수박, 참외, 땅콩, 병아리콩, 검은콩, 견과류 등이 있다.

반대로 GL 지수가 높은 식품은 인슐린 저항성을 높이므로 아래의 식품들을 기억해두었다가 가능하면 멀리하도록 한다. 구운 감자·매시트포테이토 등 감자로 만든 음식, 베이글·크루아상 등 흰 밀가루로 만든 음식, 흰쌀밥·파스타·가락국수·시리얼 등 가공된 곡물로 만든 음식, 케이크·파이·쿠키·탄산음료 등 당분이 첨가된 식품은 가급적 피하거나 소량씩만 먹도록 식단을 구성하자.

케이크나 탄산음료 등을 습관처럼 즐겨온 나는 이러한 사실을 알고부터 평소에는 단 음료나 달콤한 디저트를 거의 먹지 않고 아주 특별한 날에만 가끔 먹는 것으로 정해 놓고 있다. 달콤한 것들의 유혹이 너무나 강렬하기 때문에 처음에는 힘이 들었지만 조금씩 횟수를 줄여가니 몇 달이 지나고부터는 힘들지 않게 실천하고 있다. 이러한 노력은 건강과 젊음을 오래 유지시켜 준다는 믿음과 함께 나의 생활 습관이 되었다.

주요 식품별 당부하지수 (GL)

식품	당지수 (포도당 = 10)	1회 섭취량(g)	1회 섭취량당 함유 당질량(g)	1회 섭취량당 당부하지수
대두콩	18	150	6	1
우유	27	250	12	3
사과	38	120	15	6
배	38	120	11	4
밀크초콜릿	43	50	28	12
포도	46	120	18	8
쥐눈이콩	46	150	30	13
호밀빵	50	30	12	6
현미밥	55	150	33	18
파인애플	59	120	13	7
페스트리	59	57	26	15
고구마	61	150	28	17
아이스크림	61	50	13	8
환타	68	250	34	23
수박	72	120	6	4
늙은호박	75	80	4	3
게토레이	78	250	15	12
콘플레이크	81	30	26	21
구운감자	85	150	30	26
흰밥	86	150	43	37
떡	91	30	25	23
찹쌀밥	92	150	48	44

출처 : 당뇨병 식품교환표 활용 지침

03
세포 건강을 책임지는 식단 구성

열량 제한은 텔로미어에 아무런 영향을 주지 않는다. 학자들은 텔로미어를 관리하기 위해 체중에 초점을 맞추지 말라고 조언한다. 열량에 집착하기보다는 차라리 복부비만의 정도와 인슐린 민감성을 지표로 삼는 것이 의미 있다. 열량 제한으로 스트레스를 받지 말자. 즐거운 기분으로 식사를 하는 것이 더 중요하다.

붉은 살코기보다는 싱싱한 생선을 우선으로 추천한다

우리 집은 주 2~3회 생선을 굽거나 찌는 요리 등을 해 먹는다. 철마다 나오는 생선을 구입해서 찌거나 에어프라이어에 구워서 샐러드와 함께 먹거나 현미밥과 먹는다. 에어프라이어에 구우면 냄새도 덜 나고 무엇보다 기름이 튀지 않아서 편리하게 조리할 수 있다.

산화되지 않은 유지류를 주의해서 섭취해야 한다

지방 중에 가장 나쁜 것은 포화지방도 트랜스지방도 아닌 산패된 지방이다. 유지류 중에 추천하는 것은 오메가-3가 풍부한 아마유, 올리브오일과 들기름이다. 오일을 구입할 때는 큰 병에 담긴 것보다는 작은 병에 담겨 있는 것을 고르고 개봉한 후에는 되도록 빨리 소비하는 것이 좋다.

가공되지 않은 통곡물을 권한다

껍질을 거피하지 않고 먹는 것이 가장 좋은데 특히 우리 한국인의 대표적인 곡물인 쌀을 현미로 섭취하는 것이 좋다. 현미는 백미에 비해 다소 거칠기 때문에 조리에 신경을 쓴다면 보다 맛있게 먹을 수 있다. 현미를 충분히 불린 후 끓는 물을 현미 위에 끼얹은 다음에 밥을 안친다. 그러면 한결 부드럽고 매끈한 식감의 현미밥을 먹을 수 있다. 나는 오래전부터 이런 방법으로 현미밥을 해 먹고 있는데 식감도 부드럽고 밥맛도 아주 좋다.

다양한 컬러의 신선한 채소와 과일을 매일, 똑똑한 방법으로 먹는다

이렇게 매일 채소를 섭취하는 방법으로는 샐러드로 만들어 먹거나 쌈 채소를 생채로 먹는 방법이 있다. 또, 쪄서 소스에 찍어 먹거나 삶아서 나물로 무치거나 고기나 생선과 함께 구워서 먹는 방법 등이 있다. 되도록 간단하게 조리하는 것이 영양 손실도 막고 시간 효율적인 면에서도 좋은 방법이다.
채소 영양소의 파괴를 최소화하려면 수용성 영양물질이 물에 녹아 나가지 않도록 씻은 후에 자르는 것이 좋다. 잎채소를 손질할 때는 칼을 되도록 사용하지 않고 손으로 뜯어 조리하고 가열 시간은 가급적 짧게 한다. 가장 흔히 하는 실수는 모든 재료를 한꺼번에 넣고 볶거나 끓이는 것이다. 재료의 익는 속도에 따라서 순서대로 조리하고 필요한 시간만큼만 가열하면 맛과 영양을 한꺼번에 잡을 수 있다.
채소에 많이 들어있는 항산화 성분인 폴리페놀은 공기 중에서 산화되면 항산화 기능이 없어진다. 우리 몸속으로 들어가서 산화되어야 할 폴리페놀이 미리 산화돼버렸기 때문이다. 그래서 가능한 한 껍질을 벗기지 않은 채소를 구입해야 항산화 성분을 온전히 섭취할 수 있다.
유통할 때 까서 파는 도라지나 더덕이 산화되어 색깔이 변하면 상품가치가 떨어진다고 해서, 환원제로 처리해 하얗게 만든다. 환원제는 펄프나 종이를 표백하는 데 사용되는 것으로 인체에 유해하다. 껍질 벗긴 연근이나 도라지를 구입했다면 물에 1시간 정도 담가 두었다가 충분히 씻어낸다. 환원제는 물에 아주 잘 녹는다. 이때 식초를 한방울 넣고 씻으면 더 좋다.
채소를 먹겠다고 통조림으로 섭취하는 것은 위험하다. 비스페놀 A (BPA)는 콩, 과일, 채소 및 수프를 포함한 통조림 식품의 코팅에서 발견되는 합성 에스트로겐이다. 많은 회사가 캔의 에폭시 코팅에 BPA 사용을 중단했지만 일부는 여전히 BPA를 사용하고 있다. BPA 외에도 대부분의 통조림 야채에는 과도한 소금, 옥수수 시럽, 가공유 및 방부제가 포함되어 있다.

해조류를 챙겨 먹자

미량영양소가 풍부하고 섬유질도 많은 해조류는 칼로리가 낮아서 체중조절에도 좋아 몸이 가벼워진다. 우리나라는 전 세계에서 해조류를 가장 많이 소비하는 국가 중 하나다. 김밥과 미역국은 특히 우리 생활과 밀접하다. 우리가 즐겨 먹고 있는 해조류의 대표적인 영양 효능으로는 혈압과 콜레스테롤을 조절하는 기능을 갖고 있다. 미국 최대의 식품유통 체인 홀 푸드는 2019년 식품 트렌드로 해초

스낵을 꼽았다. 우리는 이미 오래전부터 김부각이나 다시마부각 등을 간식으로 만들어 먹어왔으니 한참을 앞서온 셈이다.

잘 숙성된 와인을 식사와 함께 종종 즐긴다

의학의 아버지 히포크라테스는 "알맞은 시간에 적당한 양의 와인을 마시면 질병을 예방하고 건강을 유지할 수 있다." 라고 와인을 극찬했다. 육류의 섭취량이 증가하면서 심장 혈관에 의한 사망률이 높아졌다. 레드와인의 폴리페놀 성분이 활성산소를 제거하는 항산화제 역할을 하여 심장 혈관에 좋은 작용을 한다. 최근에는 수명을 연장시키는 성분인 '레스베라트롤(Resveratrol)'이 와인에서 발견되었다.
신선한 원두로 내린 커피를 마시고 카카오 함량이 높은 다크초콜릿을 때때로 간식으로 챙겨 먹자. 단 카카오 함량이 70% 이상인 초콜릿이 좋다. 기분이 좋아질 뿐만 아니라 오래도록 젊음을 유지시켜 줄 것이다.

규칙적인 식사가 중요하다

음식을 몰아서 한꺼번에 많이 먹는 습관은 버려야 한다. 특히 과식은 피해야 한다. 한꺼번에 들어오는 많은 음식을 소화 시켜야 하는 우리 몸은 과부하가 걸리게 되고 피로를 느끼며 빨리 늙게 된다. 종일 쉼 없이 군것질을 달고 사는 경우도 마찬가지다. 적당히 공복을 유지하는 것이 좋다. 몸은 규칙적인 것을 좋아한다. 하루 2끼나 3끼를 정해진 시간에 규칙적으로 먹도록 하자. 과식이나 폭식의 원인을 살펴보고 이유를 알게 된다면 우리는 식습관을 바꿀 수 있다. 다가올 미래에 건강하고 멋진 모습으로 늙어가는 자신을 상상해 본다면 우리는 지금의 잘못된 식습관에서 해방될 것이다.

04
내 아이의 텔로미어를 위한 식단 관리

신선한 자연재료로 만든 음식이 아이의 정서에 좋다

최근 방송을 통해 소개된 내용 중에 ADD, ADHD 아이들이 많이 늘어난 사례를 보았다. 그 원인 중 하나가 아이들이 좋아하는 인스턴트식품의 첨가물이나 통조림 등 가공식품이라고 한다. 약물로도 치료가 안 되던 산만하고 난폭한 아이가 온 가족의 참여로 먹거리를 모두 신선한 자연재료로 바꾸면서 행동 장애가 치료되는 것을 볼 수 있었는데, 직접 경험한 일이어서인지 방송을 보면서 깊이 공감할 수 있었다. 방송 중에 사례의 주인공인 아이의 엄마가 제작진에게 한 마지막 말이 기억에 남는다. “아이를 키운다는 것은 아이에게 어떤 음식을 먹이는가와 같은 의미예요.”

아이의 건강한 삶 위해 꼭 필요한 식단 연구

잦은 감기와 비염, 아토피 증상으로 고통 받는 어린이들의 식단은 대부분 육류와 육가공품 위주의 식단인 경우가 많다. 부모가 그것을 인식하지 못한다는 것이 문제이다. 집 밥이라고 다 안전한 것이 아니라는 것을 알아야 한다.
첨가물이 잔뜩 들어간 소스와 단것들로 코팅을 하고 크림을 듬뿍 올린 음식들을 아무런 죄책감도 없이 아이들이 좋아한다는 변명을 하면서 건네는 엄마들은 직무유기라고 생각한다. 이런 음식들은 아이들의 위장을 혼란시키고 위벽의 예민한 점막을 둔화시킬 뿐만 아니라 신경을 흥분시키기도 한다. 참 안타까운 일이다. 엄마는 아이들의 건강한 삶을 위해 식단을 연구해야 하고 단순하면서 영양이 풍부한 음식을 찾기 위해 노력해야 한다.
아이들이 잘 먹는다는 이유로 햄이나 베이컨, 불고기, 치즈가 듬뿍 들어간 빵이나 첨가물이 들어간 과자를 먹이고, 피자와 치킨을 탄산음료와 함께 주문해 먹이는 경우를 흔히 볼 수 있다. 많은 부모들이 아이들의 식단에 관대하다. 이것이 자녀의 건강을 얼마나 상하게 하는 것이며, 가까운 미래에 질병을 일으키는 원인이 될 수 있다는 것을 깨닫지 못하고 있는 것이다. 자녀의 건강과 행복한 미래를 희생시키는 것인지도 모른 채 자녀의 욕구를 만족시켜주는 것이 사랑이라고 착각한다. 이런 경우가 흔하게 벌어지는 것은 엄격하게 자제시키면서 식단을 관리하는 것이 아이들 입맛에 만족하는 것을 주는 것보다 훨씬 더 어렵기 때문이다.

비타민, 미네랄, 파이토케미컬이 부족하면 체력이 떨어진다

자연 상태의 식욕은 신체 조직에 필요하며 가장 잘 맞는 것들만 원하게 되어있다. 그러나 식욕을 절제하지 못하고 과자를 입에 달고 살면서 튀긴 닭 요리나

인스턴트 음식들로 배를 채운다면 타고난 몸의 항상성을 잃어버린다. 그 결과 아이들은 잦은 감기와 유행병으로 고생을 하게 된다. 그러면 아이의 영양이 부족하다고 생각해 고기를 먹이는데, 사실 탄수화물 위주의 식단에서 영양 불균형은 단백질 부족이 아니다. 육류 위주의 편중된 음식으로 채소에 들어있는 비타민이나 미네랄, 파이토케미컬 부족이 원인이다. 이런 아이들은 체력이 약하고 아침부터 피곤함을 느끼기 때문에 힘이 나는 고단백 음식을 챙겨야 한다고 착각하는 것이다.

서투른 음식을 식탁에 올리는 것은 잘못된 것이다. 식단은 가족 모두의 건강에 직접적인 영향을 미치기 때문이다. 마땅히 노력하고 공부해야 한다. 단순하지만 매번 식욕이 당길 정도로 맛있고 다양하게 조리해야 한다.

건강한 식단이 아이의 텔로미어를 길게 만든다

건강한 음식의 맛은 정성에서 나온다. 정성 가득한 엄마 밥을 먹고 자란 아이들은 매사에 자신감이 넘친다. 어린 자녀를 둔 엄마들에게 집 밥에 정성을 들여 보라고 말하고 싶다. 지혜롭게 구성된 사랑이 깃든 엄마 표 밥상은 아이의 자존감을 키워주는 가장 좋은 방법이 될 것이다. 이런 부모를 둔 아이는 자연스레 부모를 존경하게 되어있다. 밥상이 건강하면 가족 모두 건강해질 뿐만 아니라 아이들의 미래가 달라지기도 한다.

평균적으로 텔로미어의 길이가 짧게 태어난 사람은 수명도 짧다. 성장기 어린아이가 양육환경 속에서 받는 스트레스가 심할수록 텔로미어의 길이는 더욱 짧아진다. 스트레스와 부적절한 식단으로 텔로미어 길이는 점점 더 짧아지고 따라서 노화가 촉진되고 병에 노출되어 수명이 짧아지게 되는 것이다.

이와 반대로, 자녀의 눈높이에 맞추어 엄격하게 구성한 건강한 식단과 따스한 양육법은 텔로머라아제 활동을 증폭시키게 되고 텔로미어가 짧아지는 시간을 늦출 수 있다. 자연히 아이의 텔로미어 길이도 늘어나게 된다.

PART 3.

잠깐! 레시피 보는 법

* 메뉴마다 분량 기준을 표시했어요. 반찬처럼 기준이 모호한 경우에는 따로 표시하지 않았어요.
* 간장은 우리 간장(메주를 띄워 전통적으로 담근 간장)과 간장(시판하는 양조간장이나 진간장)으로 구분해 표시했어요.
  1컵: 200ml / 1큰술: 15ml / 1작은술: 5ml

100세 시대,
텔로미어에 좋은 음식 설계

5

BROCCOLI

브로콜리

꾸준히 먹으면 암과 노화를 예방해 줘요

2019년 미국 하버드 공중보건 대학 연구소에서 발표한 10대 슈퍼푸드에 브로콜리가 당당히 선정되었습니다. 브로콜리는 대표적인 항산화 채소로 텔로미어 관리에 꼭 필요한 기특한 식품이랍니다. 특히 비타민 C, 베타카로틴 등 항산화 물질이 풍부해서 꾸준히 챙겨 먹으면 암 발생 가능성을 줄이고 심장병 등 성인병을 예방하는 데도 도움이 됩니다. 또, 다량의 칼슘과 비타민 C는 골다공증 예방에도 좋아요.

마치 숲속의 작은 나무 같은 모양의 브로콜리는 멋진 플레이팅을 위해 접시 위를 장식하기에도 그만이죠. 영양적으로도 매우 우수해서 한마디로 버릴 게 없는 똘똘한 녀석입니다.

십자화과 야채인 브로콜리는 100g당 28kcal로 칼로리가 낮아요. 채소 중에서 단백질 함량이 가장 많으며 풍부한 식이 섬유와 요오드 성분 덕분에 심장과 혈관의 활동, 체온과 땀의 조절, 신진대사 증가에 도움을 주어 건강에 아주 유익하답니다.

자, 이렇게 훌륭한 브로콜리를 매일의 식단에서 빠지지 않도록 다양한 요리법을 연구해 볼 필요가 있겠죠?

고르는 법과 손질하는 요령

브로콜리는 송이가 단단하면서 가운데가 볼록하게 솟아올라 있고, 줄기를 잘라낸 단면이 깨끗한 것을 고르면 됩니다. 꽃이 핀 것은 맛이 떨어지기 때문에 꽃이 피기 전의 브로콜리를 선택하세요.
브로콜리는 송이 부분을 작게 나누어 물에 약 5분 정도 담갔다가 흐르는 물에 여러 번 씻으면 깨끗이 손질할 수 있어요. 딱딱한 줄기 부분은 필러로 껍질을 얇게 벗긴 후, 알맞게 잘라 익히면 아삭한 식감이 좋아요. 보관할 때는 종이타월을 촉촉하게 물에 적셔서 줄기 아래쪽을 감아주고 종이타월로 전체를 감싼 후에 밀봉해서 줄기 부분을 아래로 세워 냉장고 야채 칸에 둡니다. 찌거나 데친 상태로 오래 두려면 삶은 물을 머금은 상태로 지퍼 백에 담아 냉동 보관하세요.

항암효과 제대로 보려면

브로콜리에 함유된 설포라판 성분은 유방암, 방광암 등 각종 암 예방과 개선에 탁월한 효과가 있는 것으로 밝혀졌어요. 그런데 끓는 물에 1분 이상 데치면 중요한 항암성분이 파괴되므로 주의해야 합니다. 섬유소가 많아 생으로 먹으면 소화 흡수가 어려워 익혀 먹는 것이 좋은데요, 고온에 볶는 것보다 살짝 데치거나 3~4분간 쪄서 먹는 것이 제일 효과적이랍니다. 또한 아몬드, 오렌지, 양파와 함께 섭취하면 브로콜리의 항암 작용을 더욱 상승시킬 수 있어요.
브로콜리는 주로 파스타, 퓌레, 그라탱, 스튜 또는 스테이크의 가니시 등으로 활용도가 높은데요, 특히 기름이 포함된 드레싱과 함께 먹으면 베타카로틴의 흡수력이 높아집니다.

브로콜리 마늘 볶음

recipe.

1 물을 끓여 씻어놓은 브로콜리에 붓고 약 30초 후에 건져내어 찬물에 식혀 물기를 뺀 다음 먹기 좋은 크기로 손질한다. 이때 기둥은 껍질을 벗기고 같은 크기로 손질해 둔다.

2 마늘은 껍질을 깐 다음 잘 씻어 물기를 빼 둔다.

3 달군 팬에 오일을 두르고 마늘을 볶는다. 마늘이 어느 정도 익으면서 살짝 갈색을 띠면 손질해 둔 브로콜리를 넣고 볶는다.

4 소금, 후추, 굴소스를 넣고 살짝 볶은 다음 불을 끄고 완성 접시에 담아낸다.

ingredient. 2인분

브로콜리 1송이, 마늘 20쪽, 올리브오일, 소금, 후추, 굴소스 약간

+ 볶아서 맵지 않은 마늘 요리, 혈액순환을 도와줘요

브로콜리 해물 파스타 샐러드

recipe.

1 믹서에 분량의 드레싱 재료를 넣고 갈아서 드레싱을 만들어 둔다.

2 큰 냄비에 소금을 조금 넣고 물을 끓여 브로콜리와 그린빈을 넣고 살짝 데친다.

3 얼음물을 큰 볼에 준비하고 데친 브로콜리와 그린빈을 차갑게 식힌 다음 물기를 빼고 키친타월에 올려 물기를 제거한다.

4 끓는 물에 파스타를 삶아서 찬물에 헹군다.

5 주키니는 푸실리와 같은 크기로 손질하여 뜨거운 팬에 올리브오일을 두르고 볶아 낸다.

6 깨끗이 손질한 오징어는 껍질을 벗겨낸 후 칼집을 내고 푸실리와 비슷한 크기로 잘라 손질한 새우와 함께 올리브오일을 두른 팬에서 익혀낸다. 화이트와인을 살짝 뿌려 비린내를 날려 준다.

7 완성 볼에 브로콜리, 그린빈, 주키니, 토마토, 바질, 파스타를 섞는다.

8 드레싱을 뿌린 후 소금, 후추, 레몬즙으로 맛을 내고, 잣을 뿌려 완성한다.

+ 시원하게 즐기는 파스타 샐러드, 나들이 도시락 메뉴로도 좋아요

ingredient. 4~6인분

브로콜리 3컵, 그린빈 1컵, 글루텐 프리 푸실리 파스타 2컵, 새우 1컵, 오징어 1마리, 작은 주키니 호박 1개, 체리 토마토 1컵, 말린 토마토 4개, 얇게 썬 신선한 바질 잎 8개, 올리브오일 1큰술, 화이트와인, 잣 1/4컵, 소금, 후추, 레몬즙 ***드레싱 :** 엑스트라 버진 올리브오일 3큰술, 참깨 1큰술, 신선한 레몬즙 3큰술, 화이트와인 식초 2큰술, 다진 마늘 1쪽, 디종 머스타드 1/2작은술, 메이플 시럽 1/2작은술, 소금 1/2작은술, 물 3큰술

브로콜리 프리타타

recipe.

1 달걀, 우유, 마늘, 소금, 후추를 볼에 섞어준다.
2 프라이팬에 올리브오일을 두르고 다진 파와 양파를 볶다가 브로콜리, 마늘 순으로 넣고 살짝 볶아 향을 입힌다.
3 볶은 브로콜리에 훈제 파프리카 가루와 바질을 넣고 섞어 볶는다.
4 달걀물을 붓고 팬을 부드럽게 흔들어 볶은 채소 사이에 골고루 섞어준다.
5 달걀이 어느 정도 익으면 한번 뒤집어 준다.
6 치즈를 뿌려 완성한다.

tip. 구운 버섯, 구운 파프리카, 부추, 아스파라거스 등을 이용해도 좋아요. 훈제파프라카 가루 대신 고운 고춧가루를 사용해도 괜찮아요.

+ 아침 식사나 간식으로 먹기 좋은
간단 영양식!

ingredient. 2~3인분

달걀 6개, 우유 50ml, 다진 마늘 1작은술, 소금, 후추, 엑스트라 버진 올리브오일, 잘게 자른 브로콜리 1컵, 훈제 파프리카 가루 1/2작은술, 다진 양파 2큰술, 다진 파, 페타 치즈 1/2 컵, 바질

ingredient. 4~6인분
손질한 브로콜리 8컵, 생 캐슈넛(찬물에 하룻밤 또는 뜨거운 물에 3시간 담근 것) 1컵,
물 1/2 컵, 소금 1작은술, 엑스트라 버진 올리브오일 2큰술, 잘게 썬 양파 1개,
잘게 썬 셀러리 줄기 2개, 후추 1/4작은술, 다진 마늘 3쪽 분량,
대충 다진 신선한 이탈리안 파슬리 1/3컵, 채수 4~6컵

+ 캐슈넛 크림으로
더욱 부드럽게!
마음의 위로가 되는
따듯한 음식

브로콜리 수프

recipe.

1 캐슈넛을 믹서에 넣고 물과 소금을 넣은 후 부드러운 상태까지 갈아서 그릇에 담아둔다.

2 냄비에 올리브오일을 넣고 중간 불로 가열하여 양파와 셀러리를 넣고 부드러워질 때까지 볶다가 소금, 후추, 마늘을 넣고 살짝 더 볶는다.

3 2에 브로콜리, 파슬리, 채수를 넣고 끓인다. 브로콜리가 부드러워질 때까지 충분히 익힌다.

4 3을 김이 나지 않을 정도로 식힌 후 믹서기에 옮긴다. 이때 절반 이상 채우지 않는다.

5 4에 캐슈넛 크림 4큰술을 추가한다.

6 믹서 뚜껑 중앙에 있는 캡을 제거하고 마른행주로 구멍을 덮는다.

7 국물이 퓌레가 될 때까지 조심스럽게 갈아 준 후 냄비에 담아 따끈하게 데우고 불을 끈다. 완성 그릇에 담고 캐슈넛 크림을 올려 낸다.

KENT PUMPKIN

단호박

체내의 노폐물과 염증을 배출해 줘요

단호박은 여러 품종의 호박 중에서 단맛이 좋고 영양이 풍부합니다. 웰빙 붐을 타고 단호박의 유용한 성분이 건강에 좋다고 알려지면서 인기가 더욱 높아졌죠. 실제로 원산지인 남미 일대에서는 이 호박을 다양한 질병을 치료하는 약재로 써왔다고 해요.

단호박에는 각종 비타민과 무기질, 섬유질이 풍부하게 들어 있어요. 특히 베타카로틴의 함량이 단호박 100g으로 성인 일일 권장량의 비타민 A를 모두 섭취할 수 있을 정도예요. 단호박에 들어있는 여러 가지 영양 성분들은 항산화 기능이 뛰어나 피부 노화를 방지하고 암 예방, 감기 예방 등에도 도움을 줍니다.

고르는 법과 손질 요령

같은 크기라면 무겁고 단단하며 표면에 윤기가 없는 것, 상처가 없는 것이 좋아요. 후숙을 거쳐 당도가 높아진 단호박은 꼭지가 잘 말라 있어요. 만약 단호박의 꼭지에 녹색 빛이 남아 있다면 며칠 후숙 기간을 거쳐야 당도가 높아져요.

단호박은 매우 단단해요. 쉽게 껍질을 벗기거나 자르려면 손질 전에 살짝 쪄주세요. 깨끗하게 씻어서 꼭지가 아래로 향하게 전자레인지에 넣고 5분 정도만 돌리면 쉽게 잘려요. 반으로 자른 단호박은 숟가락으로 살살 긁어주거나, 손으로 씨만 분리하세요. 씨앗에 얽혀 있는 실처럼 생긴 속살은 비타민 덩어리기에 버리게 되면 아깝겠죠. 자른 단호박을 찜통에 찔 때는 껍질 부분이 위로 가도록 엎어놓고 쪄야 해요. 껍질이 아래로 가면 호박에 물이 고여 당도가 떨어진답니다.

보관 요령과 활용하는 방법

단호박을 실온에 보관할 때는 통풍이 잘되고 그늘진 곳에서 12℃ 정도의 온도를 유지하면 약 보름 정도 보관이 가능해요. 오래 보관해야 할 때는 냉동 보관하면 되는데, 단호박을 깨끗이 씻은 후에 씨와 속을 긁어내고 적당한 크기로 잘라 쪄서 소분하여 냉동 보관하면 요리에 바로 이용할 수 있어요.

단호박 요리는 다양해요. 가장 편한 방법은 찜기나 전자레인지에 찌는 것이죠. 먹기 좋은 크기로 잘라 접시에 담고 메이플 시럽을 뿌리고 잘게 다진 너트를 올려 먹어도 좋아요. 그대로 먹어도 훌륭한 간식이 된답니다. 으깨어 샐러드로 만들거나 후식이나 간식용 파이를 만들어도 좋아요. 단호박과 단호박 수프는 가을이 깊어 가면 생각나는 계절음식이에요.

버터넛스쿼시(땅콩호박)

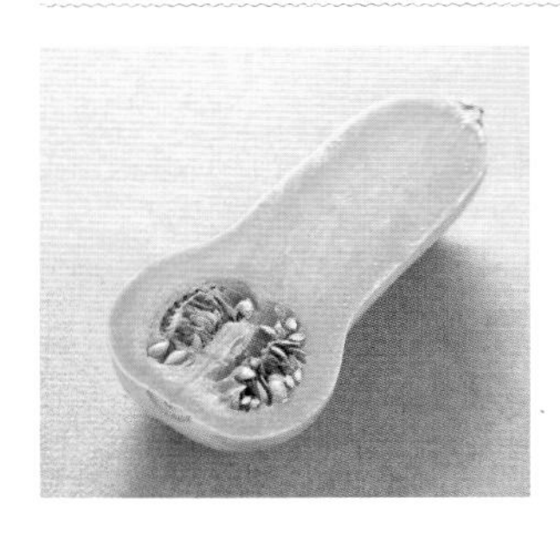

맛이 달콤하고 부드러워 인기가 높아요. 당도는 14~15 브릭스 정도로 귤의 당도와 비슷한 수준으로 버터 향과 견과류 향이 나고 달콤하면서 부드러워 이유식, 샐러드, 수프 등을 만들기에도 좋아요. 호박 특유의 비린 맛이 나지 않으므로 후각이 예민한 아이들 간식으로 활용하기에 더없이 좋아요.

버터넛스쿼시는 단호박에 비해서 4배 정도 많은 양의 베타카로틴을 함유하고 있고 100g당 45kcal로 칼로리가 낮은 편이에요.

ingredient.

단호박 주사위 모양으로 자른 것 1개 분량,
채소 스톡에 삶은 쿠스쿠스 1컵,
말린 방울토마토 10개, 커리가루 1작은술,
다진 마늘 1작은술, 다진 파슬리 1/2컵,
잘게 썬 양파 1/3컵, 훈제 파프리카가루 1큰술,
올리브오일 1큰술, 레몬즙 1개 분량, 소금, 후추

단호박 쿠스쿠스 샐러드

recipe.

1 올리브오일에 커리가루와 다진 마늘을 고루 섞어 호박에 고루 버무린다.
2 오븐이나 에어프라이어를 180°C로 예열하여 종이 호일을 깔고 단호박을 올린다.
3 25분 동안 호박이 부드러워질 때까지 굽는다.
4 호박이 익으면 커다란 볼에 담고 파슬리, 양파 다진 것, 훈제 파프리카 가루를 넣고 섞는다.
5 완성 그릇에 쿠스쿠스를 담고 호박을 올린 다음 말린 방울토마토를 보기 좋게 올린다. 올리브오일과 레몬즙을 뿌리고 소금과 후추를 뿌려 맛을 낸다.

+ 커리 풍미의 단호박과 깔끔한 맛의 쿠스쿠스가 입맛을 돋워줘요

단풍으로 물든 단호박 샐러드

recipe.

1 큰 프라이팬을 중불로 가열하고 코코넛오일을 두른다. 단호박에 소금과 후추를 뿌려 노릇해질 때까지 굽다가 피칸을 추가한다.
2 1을 약간 황금빛과 향이 날 때까지 굽는다.
3 분량의 드레싱 재료를 한데 넣고 잘 섞어준다.
4 완성 접시에 구운 단호박과 오이를 번갈아 돌려 담고, 피칸, 아보카도, 석류를 고루 올린다.
석류 드레싱을 뿌려 완성한다.

ingredient.

얇게 썬 단호박 1개, 석류 알 1컵, 잘게 썬 구운 피칸 1/2컵, 코코넛오일 2큰술, 얇게 슬라이스 한 아보카도 1개 분량, 반으로 잘라 얇게 어슷 썬 오이 1/2개 분량 ***석류 드레싱** : 석류 주스 1/3컵, 사과 식초 1/4컵, 생강즙 1/2 작은술, 다진 마늘 1쪽 분량, 소금 1/4작은술, 후추 1/4작은술, 올리브오일 1/3컵

+ 부드러운 식감과 고소하고 새콤한 맛의 조화가 일품!

단호박 카레

recipe.

1 단호박은 사방 1.5㎝ 크기의 주사위 모양으로 썰고, 토마토도 같은 크기로 썬다.
2 넉넉한 냄비에 올리브오일을 두르고 다진 고기와 다진 마늘, 다진 양파를 넣어 양파가 숨이 죽고 고기가 보슬보슬해질 때까지 볶는다.
3 2에 단호박과 건포도를 넣어 조금 볶다가 카레 조각을 넣고 고루 섞으면서 볶는다.
4 토마토와 물 1/2컵을 넣어 10분 정도 조린다.
5 4의 물기가 거의 없어지면 우스터소스와 간장, 소금, 후춧가루로 간을 하고 불에서 내린다.
6 접시에 밥을 담고 4를 얹은 뒤 다진 파슬리를 뿌린다.

ingredient. 4인분

단호박 200g, 완숙 토마토 1개, 건포도 3큰술, 다진 쇠고기 200g, 다진 마늘 1작은술, 다진 양파 1/2개 분량, 올리브오일 1큰술, 카레 4조각, 물 1/2컵, 우스터소스 1큰술, 우리 간장 1/2큰술, 밥 4공기, 다진 파슬리 1큰술, 소금, 후추

+ 단호박을 넣어 더욱 부드럽고 달달한 맛이 좋아요

+ 너트 맛이 은근히 나는
땅콩 호박으로 고소한 수프를
끓여 보세요

땅콩 호박 수프

recipe.

1 땅콩 호박은 껍질을 벗기고 속을 파내어 씨를 제거한 후 잘게 썬다.
2 감자는 껍질을 벗기고 0.5cm 폭으로 썰고 양파와 대파는 채 썬다.
3 달군 냄비에 버터를 녹이고 양파와 대파를 넣고 볶는다.
4 양파가 투명해지면 땅콩 호박과 감자를 넣고 볶다가 채수 4컵을 넣고 끓인다.
5 땅콩 호박이 부드럽게 익으면 핸드믹서로 곱게 간다.
6 우유와 생크림을 넣고 약한 불에서 뭉근히 끓인 다음 소금, 후추로 간을 맞춘다.

ingredient. 2인분

땅콩 호박 1/2개, 감자 1개, 양파 1개, 버터 2큰술, 다진 대파 흰 부분 1큰술, 채수 4컵, 우유 1/2컵, 생크림 1컵, 소금, 후추

BLUEBERRY

블루베리

눈의 노화와 피부미용에 특히 좋아요

블루베리는 노화 방지에 좋은 영양소가 풍부하게 들어있어 많은 이들이 찾는 슈퍼푸드가 되었죠. 2차 세계대전 때 영국의 한 공군 조종사가 블루베리잼을 듬뿍 바른 빵을 먹고 야간 시력이 놀랍게 좋아졌다고 해요. 이러한 보고 후 블루베리에 대한 정식 연구가 시작되었는데요, 연구자들은 블루베리에 강력한 항산화 성분인 안토시아닌이 듬뿍 들어있고 비타민 C와 비타민 E까지 풍부하다는 것을 발견하게 되었습니다. 이는 노화와 질병을 일으키는 활성산소에 대응하는 매우 중요한 성분으로 특히 노화로 인한 시력이 떨어질 때 효능이 좋은 것으로 알려져 있습니다.

블루베리는 100g당 60kcal로 열량이 낮고 식이섬유가 풍부해 체중 감량에 효과적이고 미네랄도 풍부해 피부 건강과 미용에도 좋습니다. 뇌기능을 좋게 해주고 콜레스테롤을 안정시키며 암 발병 위험도를 낮추어준다고 해요. 오래도록 아름답게 젊음을 유지하고 싶다면 꾸준히 드시기를 권합니다.

신선한 생블루베리 제대로 즐기려면

병해충이 적기 때문에 무농약의 친환경적 작물로 알려져 있는 블루베리는 국내 재배도 활발하여 수확 시기 동안 신선한 생 블루베리를 맛볼 수 있습니다. 남쪽은 5월부터 시작하여 본격적으로 6월부터 9월까지 수확하고 있는데요, 생블루베리는 가능한 한 유기농으로 재배한 것을 추천합니다.

신선한 블루베리는 짙은 보랏빛이 선명하고 과육이 단단하며 균일하게 흰색 가루가 묻어납니다. 제철에 구입한 블루베리를 냉동 보관하면 사계절 내내 즐길 수 있는데요, 냉동 보관할 때는 씻지 않고 얼리는 것이 좋고 잘 밀폐되는 용기에 나누어서 보관하면 편리해요. 저는 작은 사이즈의 지퍼백을 이용해서 소분하고 다시 큰 사이즈의 지퍼백에 소분한 것들을 여러 개씩 담아서 이중으로 보관해 두었다가 즐겨 먹고 있습니다. 블루베리는 냉동고에서도 영양 손실이 적어서 1년까지는 냉동 보관해도 괜찮습니다. 냉동해둔 블루베리를 먹을 때는 흐르는 물에 여러 번 깨끗이 씻어 드세요.

더 건강하고 맛있게 먹는 법

블루베리는 오래전부터 타르트, 소르베, 잼 등 서양 요리와 베이킹 재료로 많이 쓰여 왔어요. 조리 없이 간단하게 요구르트에 올려 먹거나 샐러드에 곁들여 먹기도 하고 과일 화채를 해 먹어도 포인트 색이 되어 예쁘죠. 더운 여름날엔 콩가루와 함께 주스로 갈아 마시면 별미입니다. 저는 제주도 콩으로 만든 콩가루를 사용하는데 단맛이 조금 더 강하고 고소해요. 치즈는 블루베리와 궁합이 잘 맞아요. 블루베리에 부족한 칼슘과 지방을 치즈와 함께 섭취함으로써 보충할 수 있거든요.

ingredient. 4인분
블루베리 100g, 코코넛 밀크 300ml, 퀴노아 115g,
망고 과육 350g, 유기농 흑설탕 75g, 라임즙 적당량,
신선한 생강 4cm 분량의 생강즙,
구운 건조 코코넛 플레이크 4큰술

블루베리 퀴노아 푸딩

recipe.
1 퀴노아와 코코넛 밀크를 냄비에 넣고 센 불로 끓이다가 불을 낮추고 수분이 날아갈 때까지 약 10~15분간 끓인다.
2 불을 끈 후에 퀴노아 알갱이가 부풀도록 약 7분간 그대로 둔다.
3 2의 퀴노아를 고루 저어준 후 넉넉한 볼에 옮겨 담아 식힌다.
4 망고, 흑설탕, 라임즙을 믹서에 넣고 생강즙을 넣어 간다.
5 끓여서 식혀 둔 퀴노아와 갈아서 준비한 혼합물을 섞어서 저어 준 다음 30분간 둔다.
6 푸딩을 4개의 그릇에 나눠 담은 후에 블루베리와 코코넛 플레이크를 올려서 완성한다.

+ 유제품을 사용하지 않고 푸딩의 향기로움을 즐길 수 있어요

블루베리 오이 샐러드

recipe.

1 오이를 세로로 반으로 잘라 숟가락 끝으로 씨앗을 긁어내고 얇게 썬다.
2 완성 접시에 오이, 블루베리, 파, 고수를 담는다.
3 올리브오일, 우리 간장, 레몬즙, 고수, 후추를 넣고 섞는다.
4 구운 두부를 한입 크기로 잘라 접시위에 올려 완성한다.
5 3의 소스를 고루 뿌려낸다.

tip. 샐러드용 어린잎을 듬뿍 올려도 잘 어울려요.

ingredient. 2인분

생 블루베리 2컵, 오이 1개, 얇게 썬 쪽파 2큰술, 구운 두부 1/2컵

***소스** / 올리브오일 2큰술, 우리 간장 1작은술, 레몬즙 1큰술, 굵게 다진 고수 또는 파슬리 잎 1/2컵, 흑후추 1/8작은술

+ 비타민 가득! 예뻐지는 샐러드 맛보세요

블루베리 진저 칵테일

recipe.

1 블루베리, 생강, 설탕, 물을 함께 끓여서 2/3 분량으로 졸인다.
2 불을 끈 후 실온에서 식힌다.
3 진 5큰술에 얼음을 넣고 함께 흔든다.
4 끓여둔 시럽과 함께 진과 얼음을 잔에 붓고 소다수와 라임즙을 넣는다.
5 신선한 로즈마리로 장식한다.

ingredient. 1인분

냉동블루베리 1/2 컵, 생강 슬라이스 2.5cm 분량, 설탕 2 작은술, 물 1/4 컵, 진 5큰술, 소다수 적당량, 라임즙 약간, 장식용 로즈마리

블루베리 꿀 바닐라 스무디

recipe.

1 믹서에 허니바닐라층의 재료를 넣고 원하는 질감으로 섞는다.
2 두 잔으로 나누어 잔에 붓는다.
3 블루베리 층을 믹서에 갈아서 잔의 윗부분에 붓는다.
4 길이가 긴 숟가락으로 잔의 측면 아래로 빙빙 돌려 모양을 잡는다.

ingredient. 2인분

***허니바닐라층** : 아몬드 우유 1컵, 플레인 그릭 요구르트 1/2컵, 꿀 1~2 작은술, 바닐라 1 작은술, 바나나 1/2 개
***블루베리층** : 얼음조각 3개, 냉동블루베리 1/2 컵

+ 은은한 블루베리와 생강향이 매력적이에요

+ 냉동블루베리로 손쉽게 만들어 보세요

ingredient. 2인분
블루베리 250g, 치아씨드 30g, 코코넛 밀크 100ml, 물 20ml,
코코넛오일 1작은술, 슬라이스아몬드 볶은 것 2큰술, 건조 코코넛 플레이크 2큰술,
통밀 플레이크 2큰술, 아가베 시럽 2작은술

+ 포만감을 주면서도
칼로리가 낮아
체중조절에 좋아요

블루베리 치아씨드 젤리

recipe.

1 치아씨드는 분량의 코코넛 밀크와 물을 20ml 넣고 잘 저어준 후 뚜껑을 덮어 냉장고에서 12시간 동안 불려서 준비한다. 먹기 전 미리 냉장고에서 꺼내 둔다.

2 달군 팬에 코코넛오일을 두르고 아몬드 건조 코코넛·통밀 플레이크를 넣고 살짝 갈색이 나도록 볶는다.

3 2에 아가베 시럽을 골고루 뿌려 섞어준 후 불을 끈다.

4 불려둔 치아씨드는 넉넉한 그릇에 담고 볶은 아몬드와 코코넛, 통밀 플레이크를 올리고 마지막으로 블루베리를 고루 담아 완성한다. 좋아하는 과일이 있으면 먹기 좋게 잘라 올려도 좋다.

tip. 코코넛 밀크 대신 아몬드 밀크나, 귀리 밀크 또는 두유를 사용해도 괜찮아요. 치아씨드를 불리면 팽창하면서 젤라틴화 됩니다. 버블티의 타피오카처럼 쫄깃하면서도 씨앗의 바삭한 식감을 동시에 느낄 수 있죠.

EGG

달걀

면역체계를 강화시켜주는 완전식품

냉장고에 달걀만 있으면 마땅한 반찬거리가 없어도 든든하죠? 쉽고 빠르게 차려낼 수 있는 영양식으로 달걀반찬 만큼 좋은 건 없을 거예요. 자글자글 프라이부터 부드러운 찜, 짭조름한 조림까지 달걀로 만들 수 있는 요리는 무궁무진해요. 그래서 동서양을 막론하고 오랜 세월 주방의 필수 식재료로 자리 잡고 있나 봐요.

달걀은 단백질이 풍부하고 비타민 A와 E, 황, 셀레늄, 엽산, 철분 등 각종 비타민과 무기질이 듬뿍 들어 있어요. 활성 산소를 없애 노화를 예방하는 것은 물론, 면역 체계를 튼튼하게 만들고 안구를 보호해 시력 감퇴를 늦추고 백내장을 예방하는 효과가 있죠.

달걀의 비타민 A는 지용성 성분으로 기름과 함께 조리하면 영양을 더 흡수할 수 있어요. 또 비타민 C가 풍부한 브로콜리나 양파와 함께 먹으면 철분의 체내 흡수를 도울 수 있죠. 견과류나 생선 알 등에 든 비타민 E는 강력한 항산화 작용을 하고 노화 방지에 뛰어난 성분인데요, 달걀과 함께 먹으면 흡수율이 8배나 올라간다고 해요.

몸에 근육을 만들기 위해 단백질이 많고 칼로리가 낮은 흰자만 먹는 경우가 많아요. 그런데 사실은 노른자에 근육의 합성을 돕는 영양소가 풍부해요. 흰자만 먹는 것보다 달걀을 통째로 먹었을 때 근육 합성률이 더 높아진다고 하니 웨이트 트레이닝을 하고 있다면 참고하세요. 또한 달걀의 알끈에 들어있는 성분이 독감 예방과 항바이러스 작용을 한다는 사실! 부드러운 식감을 위해 요리할 때 알끈을 제거하기도 하는데 가능하면 알끈을 섭취하는 것이 좋겠어요.

고르는 법과 보관 요령

놓아기르는 방사 양계장에서 나온 달걀이 좋아요. 흰색이든 갈색이든 영양 차이는 없어요. 생산날짜를 확인해서 가능한 최근 날짜를 구입합니다. 세척 달걀이라면 반드시 냉장 보관한 것이어야 하고요, 씻지 않고 냉장 보관하는 것이 안전해요. 냉장고 문 쪽은 자주 여닫기에 선도를 보장할 수 없어요. 냉장고에서 가장 시원한 안쪽에 넣고 약 3주 안에 모두 소비하는 것이 좋아요. 보관할 때는 포장 그대로 넣어주세요. 대개 날짜도 그곳에 있고 냉장고에 있는 다른 음식물로부터 냄새도 보호되니까요. 별도의 용기에 담을 때는 뾰족한 부분이 아래로 향하게 세워 보관하세요. 달걀을 얼려서 보관할 때는 흰자와 노른자를 분리해서 보관하면 요리할 때 이용하기 수월해요. 얼린 달걀은 4개월 이내에 소비하는 것이 좋습니다.

반숙 달걀과 수란 만들기

가정에서 반숙으로 달걀을 삶으려면 달걀을 미리 실온에 꺼내놓으세요. 냉장고의 차가운 달걀을 삶으면 껍질이 깨지기 쉽거든요. 팔팔 끓는 물에 실온 달걀을 넣고 중란은 4분, 대란은 4분 30초 정도 삶은 다음 찬물에 담가 식히세요. 완숙으로 삶을 때는 찬물에 실온 달걀을 넣어 끓기 시작하면 불을 줄이고 15분 정도 약한 불에서 끓입니다. 역시 찬물에 담가 충분히 식혀주면 껍질이 잘 벗겨져요.
수란 만들기가 어렵다고요? 제가 하는 방법을 알려드릴게요. 좀 깊은 냄비에 물을 끓이고 식초 한 큰술을 넣어요. 신선한 달걀로 준비해 국자에 깨트려 한 손에 들고 다른 한 손으로는 수저로 끓고 있는 물을 세게 저어주어 소용돌이를 만들어요. 그 소용돌이 한가운데 국자의 달걀을 넣습니다. 달걀이 뭉쳐지면서 익는 시간, 약 1분 30초 동안 달걀 주변을 저어주면 달걀이 풀어지지 않아요. 시간이 되면 달걀을 건져 내어 찬물에 잠깐 식히세요.

달걀 파프리카 머핀

recipe.

1 중간 불로 가열한 팬에 오일을 두르고 고추, 양파를 충분히 볶는다.
2 시금치와 버섯을 넣고 살짝 볶다가 다진 마늘을 넣고 볶으면서 소금 간을 하고 불을 끈다.
3 달걀과 달걀흰자를 볼에 넣고 풀어 준 다음 2의 조리된 채소를 넣고 섞는다.
4 파프리카는 꼭지 부분을 넉넉히 자르고 속을 파낸다.
5 손질한 파프리카 속에 달걀 물을 골고루 붓는다.
6 에어프라이어를 180°C로 맞추고 5를 넣는다. 종이 호일로 덮고 20분 동안 달걀이 익을 때까지 굽다가 호일을 제거하고 3~4분간 더 굽는다.

ingredient. 3인분

달걀 4개, 달걀흰자 4개 분량, 파프리카 3개, 올리브오일 1큰술, 다진 고추 1컵, 다진 양파 1컵, 연한 시금치 잘게 썰어서 2컵, 다진 버섯 1컵, 다진 마늘, 소금

구르메 달걀

recipe.

1 깊은 볼에 달걀흰자를 넣고 소금과 파마산 치즈가루를 넣으면서 휘핑하여 머랭을 만든다.
2 베이킹 팬에 종이 호일을 깔고 올리브오일을 뿌린 다음 머랭으로 구름 모양을 만들고 노른자가 들어갈 가운데 부분을 비워둔다.
3 170°C로 예열한 오븐에 5~6분간 굽는다.
4 구운 달걀흰자를 꺼내어 노른자를 가운데 넣고 다시 3분간 더 익힌다.
5 머랭이 구워지는 동안 달군 팬에 올리브오일과 버터를 섞어 넣고 식빵을 굽는다.
6 구운 식빵에 스프레드를 발라 겹쳐놓고 구르메 달걀을 올린 다음 다진 파슬리를 뿌려낸다.

ingredient. 1인분

달걀흰자 2개 분량, 달걀노른자 1개 분량, 식빵 2장, 파마산 치즈가루 1/4컵, 소금 1/2 작은술, 다진 파슬리 조금, 올리브오일, 버터 ***빵 스프레드** : 홀머스터드 1큰술, 체다치즈 1장

+ 폭신한 구름 모양의 특별한 달걀 요리로 식탁에 사랑을 올리세요

지옥에 빠진 달걀

recipe.

1 두꺼운 냄비에 기름을 두르고 중불로 가열한 후 양파, 버섯, 마늘, 피망을 넣고 뚜껑을 덮지 않은 상태에서 부드러워질 때까지 볶는다. 양파가 갈색으로 변하면 살라미를 넣고 불을 줄인다.
2 채소 스톡, 고춧가루, 토마토와 토마토 주스를 추가하고 나무주걱으로 저으면서 약간 걸쭉해질 때까지 끓인다.
3 생크림을 소스에 넣고 저으며 2~3분 동안 끓인다.
4 숟가락을 사용하여 소스에 6개의 홈을 만들고 달걀을 조심스럽게 깨뜨려 넣는다.
5 달걀 주위에 치즈를 뿌리고 뚜껑을 덮고 불을 켠다.
6 반숙이나 완숙 등 원하는 만큼 달걀이 익을 때까지 가열한다.
7 바질을 뿌리고 빵과 함께 뜨겁게 낸다.

tip. 마치 지옥에 빠진 달걀 같아 보인다고 붙여진 이름이에요. 튀니지에서 유래한 아랍요리 '샥슈가'와 비슷한 토마토 스튜 요리죠.

+ 빵이나 면, 밥과 함께 다양하게 즐겨 보세요.

ingredient. 5~6인분

달걀 6개, 다진 양파 1개, 다진 버섯 1/2컵, 다진 빨간 피망 1/2개, 다진 살라미 1컵, 고체 채소 스톡 1개, 고춧가루 1작은술, 깍둑썰기한 토마토 1개 분량, 토마토 주스 4컵, 생크림 1/2컵, 다진 마늘 3쪽, 엑스트라 버진 올리브오일 2큰술, 모짜렐라 치즈 1컵, 파마산 치즈가루 1큰술, 다진 바질 1/2컵

+ 입맛 살리는 부드러운 아침식사,
쉽고 간단해요

ingredient. 4인분
달걀 10개, 토마토 5개, 바질잎 4~6장,
마늘 2쪽, 올리브오일 4큰술,
유기농 설탕 1작은술, 버터 50g, 소금, 후추

토마토 스크램블드에그

recipe.
1 팬을 달구어 오일을 두른 후에 씨를 빼고 다진 토마토를 넣고 볶다가 다진 마늘, 설탕, 소금, 후추로 간을 한다.
2 중간 불로 줄여서 10분쯤 볶아 어느 정도 수분을 날려 윤기나는 상태가 되도록 만든다.
3 불을 더 줄이고 버터와 고루 푼 달걀을 넣은 후에 나무주걱으로 살살 저어준다.
4 불을 끄고 계속 저어준다.
5 잘게 다진 바질 잎을 넣은 후에 바로 접시에 담아낸다.
tip. 달걀과 토마토는 최고의 궁합을 자랑하는 식재료입니다. 달걀에 부족한 비타민 C와 식이섬유를 토마토가 채워주고 토마토에 부족한 단백질은 달걀이 보완해 주기 때문이에요.

CABBAGE

양배추

항궤양 효과 뛰어난 위암 예방 채소

양배추는 120여 년 전 우리나라에 미국의 수입 작물을 들여오면서부터 재배되기 시작했어요. 배추 값이 오르면 '꿩 대신 닭'격으로 그 자리를 대신하기도 하던 고마운 채소죠. 값도 싸고 영양이 우수해서 단체급식에도 자주 사용된답니다.

우리나라 양배추의 주산지는 제주도예요. 환경 요인에 따라 다소 차이가 나지만 단백질, 당질, 무기질 등과 비타민 A, B_1, B_2, C, K 등이 풍부해요. 특히, 필수 아미노산의 일종인 라이신(lysine)이 함유되어 있어 발육기의 어린이에게 매우 훌륭한 영양 식품이랍니다.

양배추와 브로콜리와 같은 십자화과 식물은 위 점막을 보호하고 손상된 위 점막을 회복시켜 주는 효능이 있어서 대표적인 위암 예방 식품으로 손꼽히죠.

양배추의 항궤양 효과는 1949년 스텐포드 의학대학의 가넷 체니 박사(Dr. Garnett Cheney)에 의해서 규명되었어요. '메틸-메티오닌-설포늄 클로라이드'라는 성분이 위 점막에서 분비되는 호르몬인 프로스타글란딘의 생산을 촉진하고, 위산이나 다른 자극으로부터 위벽을 보호하는 탁월한 효과가 있다는 것을 발견해 낸 겁니다. 궤양 치료에 효과를 보이는 이 물질을 궤양을 뜻하는 'Ulcer'의 앞 글자를 따서 '비타민 U'라고 부르게 되었어요.

식품 가운데 유일하게 항궤양성 비타민 U를 함유하고 있기에 위장약이나 제산제 대신 양배추를 생으로 먹거나 즙으로 마시기도 해요.

고르는 법과 손질하는 요령

양배추는 저장성이 좋은 채소 중 하나지만 기왕이면 싱싱한 것이 맛도 좋고 영양도 우수해요. 먼저 겉잎이 싱싱한지 살피고 아래로 자른 부위를 보면 오래된 것인지 구분할 수 있어요.

양배추는 단맛이 나는 채소류로 해충이 잘 생기는 탓에 농약을 많이 사용하는 편이라서 주의해야 해요. 속잎이 차오르며 결구 되면서 자라는 채소라서 혹시라도 잔류농약 걱정이 된다면 겉잎을 떼어내는 것이 좋습니다.

보관할 때는 줄기 아래 절단된 부분의 속심을 도려내고 물을 적신 종이 타월을 도려낸 부위에 채워놓으면 조금 더 신선하게 보관할 수 있어요. 만약 좀 더 오래 두어야 한다면 손질해서 지퍼백에 나눠 담아 냉동 보관하면 되는데요, 이때 생으로 먹기엔 식감이 좀 떨어지니까 볶음요리에 사용하기를 추천합니다.

양배추는 특유의 냄새가 있는데, 그것은 유기질 유황이 들어있기 때문이에요. 익히면 냄새가 더 심해지는데요, 식초를 조금 사용하면 어느 정도 줄일 수 있어요. 생식으로 먹는 샐러드, 찜, 볶음, 절임, 삶기 등 다양한 조리법이 있어요. 포만감을 주면서 칼로리가 낮고 섬유질이 풍부하며 달큼한 맛이 있어서 다이어트 식품으로 최적화된 식품이라고 할 수 있어요.

+ 양배추를 절여서 발효시킨 독일식
김치로 산뜻한 맛이 좋아요

사워크라우트

recipe.

1 양배추는 반으로 자른 다음 가운데 심을 잘라내고 얇게 채를 친다.
2 큰 볼에 손질한 양배추를 넣고 소금을 고루 뿌린 다음 손으로 양배추에서 수분이 충분히 나올 때까지 주물러 준다.
3 열탕 소독한 유리병에 양배추 절인 것을 넣고 5~7일간 발효시킨 다음에 냉장 보관한다.
4 양배추에서 빠져나온 수분으로 내용물이 잠기도록 저장해야 맛이 유지된다.

tip. 사워크라우트는 말 그대로 신맛이 나는 양배추를 의미하는데요,
독일인들이 즐겨 먹는 소시지와도 아주 잘 어울리는 산뜻한 채소요리에요.

ingredient.

양배추 1통(1kg), 구운 소금 1과 1/2큰술

양배추 롤

recipe.

1 밥은 따뜻하게 준비하고 양배추는 큰 잎을 준비해 김이 오르는 찜통에 찐 후 찬물에 헹궈 물기를 제거한다.
2 두부는 으깬 후 물기를 제거하고 대파, 붉은 고추는 굵게 다진다.
3 분량의 쌈장 양념을 고루 섞어 된장을 풀어둔다.
4 프라이팬을 달궈 들기름을 두르고 표고버섯을 볶다가 2의 으깬 두부를 넣어 같이 볶은 후 3의 양념을 넣어 볶는다.
5 물기가 거의 없어지면 대파와 붉은 고추를 넣어 볶은 후 참기름을 넣어 두부 쌈장을 완성한다.
6 쪄낸 양배추에 밥을 얹고 두부 쌈장을 곁들여 먹는다.

+ 한입에 쏘옥, 면역력 높여주는 간단 한 끼!

ingredient.

밥 2공기, 양배추
***두부쌈장** : 두부 150g, 표고버섯 5장, 대파 1/2대, 붉은 고추 1개, 들기름 1/2큰술, 참기름 1큰술, 검은깨 1작은술, 소금 조금
***쌈장 양념** : 된장 1큰술, 맛술 1큰술, 굴소스 1작은술

양배추 코울슬로

recipe.

1 그릇에 마요네즈, 사과 식초, 겨자, 메이플 시럽, 셀러리 씨앗, 소금, 신선한 후추를 넣고 고루 섞어준다.

2 넉넉한 볼에 손질한 양배추, 당근, 파를 담고 드레싱을 부어 섞어준다.

3 소금과 후추로 간을 한다.

tip. 셀러리 씨앗은 항산화 성분이 풍부한 건강 식재료입니다. 없을 때는 빼도 괜찮아요.

ingredient.

얇게 썬 녹색 양배추 6컵, 얇게 썬 붉은 양배추 2컵, 당근 채 2컵, 잘게 썬 부추 1컵, 마요네즈 3/4 컵, 사과 식초 2큰술, 디종 머스타드 1큰술, 메이플 시럽 1큰술, 셀러리 씨앗 1작은술, 소금 1/2작은술, 후추

+ 한번 만들어 놓으면 여러 날 동안 먹을 수 있어요

양배추 자몽주스

recipe.

1 양배추는 손으로 적당히 뜯어서 블렌더에 넣는다.
2 자몽은 껍질을 벗기고 블렌더에 넣는다.
3 분량의 메이플 시럽과 물을 넣고 곱게 갈아준다.

ingredient. 1인분

양배추 60g, 자몽 1개, 메이플 시럽 20ml, 물 100ml

+ 자몽을 넣어 상큼하게! 속이 편안해져요

GRAPEFRUIT

자몽

다이어트와 노화 예방에 좋은 비타민의 보고

자몽을 떠올리면 특유의 쌉싸름한 맛에 찡그리게 되나요? 그런데 이 쓴맛이 지방의 연소를 도와 체지방 축적을 억제해 주는 고마운 성분이랍니다. 자몽이 다이어트 식품으로 각광받고 있는 이유죠. 체중조절뿐만 아니라 리모넨 성분 덕분에 식욕을 조절하는 데도 효과적이랍니다.

자몽은 수분이 많으면서 비타민 C가 풍부해 면역력과 피로회복, 피부미용에도 좋습니다. 자몽 반개만 먹어도 하루 필요한 비타민 C를 충분히 섭취할 수 있다고 하죠. 그래서 독일에서는 아이들이 감기에 걸리면 자몽을 먹인다고 합니다.

항산화 성분도 월등히 풍성한데요, 항산화 효과란 해로운 활성산소를 막음으로써 노화 진행을 늦춰주는 것을 말해요. 이에 따라 피부 주름 예방 효과도 갖게 되는 것이죠. 특히 붉은 자몽은 플라보노이드와 안토시아닌을 함유하고 있으며, 붉은색의 리코펜은 중성지방을 낮추어 주는 효과가 뛰어나요. 또한 인간의 각종 질병과 노화에 연관되어 있는 자유 라디칼의 손상을 방지한다고 해요.

자몽에는 비타민 C와 더불어 A가 풍부하게 함유되어 있을 뿐만 아니라 식이섬유의 좋은 공급원이기도 합니다. 많은 종류의 과일 주스 중에서도 자몽 주스는 항산화 성분이 월등히 많이 함유되어 있어요. 젊음을 지키고 싶다면 잊지 말고 꼭 챙겨 먹기를 권합니다.

꼭 알아두어야 할 자몽의 부작용

아무리 좋은 성분이 많더라도 자신에게 맞지 않거나 과다 섭취를 한다면 부작용을 일으킬 수 있습니다. 자몽은 고혈압이나 고지혈증 치료제의 종류에 따라 약물의 혈중 농도를 증가시킬 수 있다고 해요. 이 밖에도 항불안제, 부정맥 치료제, 면역억제제 등의 약물 역시 자몽에 의해 부작용이 생길 수 있습니다. 약물에 따라 상호작용이 다양하게 나타나고 환자 개인에 따라서도 그 반응이 달라질 수 있으므로 약과 함께 먹지 않는 것이 좋겠습니다. 질환 치료 중일 때는 의사와 꼭 상담 후 드시기를 권합니다. 또한 과다 섭취 시 신장결석과 불면증을 유발할 수 있으며 치아를 부식시킬 수 있다고 하니 주의하세요.

고르는 법과 보관하는 요령

자몽을 고를 때에는 무르지 않고 단단한 것, 둥근 모양에 상처가 없는 것이 좋습니다. 자몽은 수분이 날아가지 않게 신문지에 싸서 서늘한 곳에 보관하세요. 어떤 분들은 두꺼운 자몽 껍질을 벗기기 어렵다고 하는데요, 위에서 아래로 껍질에만 4등분으로 칼집을 내어 벗기면 한결 수월해요.

자몽 활용법

자몽 과육을 믹서에 갈아주면 자몽 주스로 맛있게 먹을 수 있습니다. 자몽 과육을 열탕 소독한 유리병에 꿀과 1:1비율로 담아서 냉장 보관해 두었다가 물에 타서 마셔도 좋죠. 자몽청을 탄산수와 섞거나, 자몽의 과육을 탄산수에 넣어 마셔도 맛있습니다.

꿀 자몽

recipe.

1 자몽 껍질에 베이킹소다를 조금씩 뿌려준 뒤 장갑을 끼고 솔을 이용해서 깨끗하게 씻는다.

2 자몽을 반으로 자르고 작은 과도로 속껍질과 과육이 분리되도록 결대로 칼집을 넣어준다.

3 손질한 자몽에 꿀을 한 큰술 고루 올린다. 나머지 한 개도 같은 방법으로 손질해 둔다.

4 애플민트 잎을 올리고 차 스푼과 함께 낸다.

tip. 꿀을 올린 자몽 과육을 다 먹은 후에 뜨거운 물을 부어 차로 즐기면 좋아요.

ingredient. 2인분

자몽 2개, 꿀 4큰술, 애플민트 잎

자몽 샐러드

recipe.

1 자몽즙 약 2큰술 분량을 짜놓고 나머지 자몽과 배는 한입 크기로 자른다.
2 자몽즙에 소금과 후추로 간을 한 후에 올리브오일을 섞는다.
3 볼에 손질한 자몽과 배를 고루 담고 블루치즈와 파슬리를 올린다.
4 소스를 고루 뿌려 완성한다.

ingredient. 4인분

껍질을 벗기고 손질한 중간 크기의 붉은 자몽 2개, 배 1개, 블루치즈 적당량, 이탈리안 파슬리

*소스 : 자몽즙 2큰술, 엑스트라 버진 올리브오일 2큰술, 소금, 후추

+ 자몽에 제철 과일과 채소를 더해 맛있는 한 끼 식사로 즐기세요

자몽 해산물 샐러드

recipe.

1 드레싱의 모든 재료를 잘 섞는다.
2 완성 접시에 자몽은 속껍질을 까서 아보카도와 함께 슬라이스를 하여 번갈아 돌려 담는다.
3 구운 새우와 구운 문어를 먹기 좋게 잘라서 올린다.
4 다진 민트와 고수를 뿌린 뒤 다진 견과류를 뿌린다.
5 드레싱을 뿌리고 민트 잎으로 장식하여 완성한다.

ingredient.

핑크 자몽 1개, 옐로 자몽 1개, 아보카도 1개, 구운 문어와 새우 적당량, 다진 민트 잎 1/4 컵, 다진 고수 1/4 컵, 다진 견과류 1/4 컵, 장식용 민트 잎 5~7장 *드레싱 : 올리브오일 1/4 컵, 사과 식초 2큰술, 라임즙 1큰술, 디종 머스타드 1큰술, 메이플 시럽 2큰술, 소금, 후추

+ 상큼한 애피타이저로도 좋고 건강한 점심 메뉴로도 오케이!

자몽 만능 소스

recipe.

1 달군 팬에 버터 1조각을 올리고, 파의 흰 부분을 넣고 부드러워질 때까지 볶다가 와인과 자몽 즙을 넣고 2큰술로 줄어들 때까지 졸인다.
2 불을 끄고 버터 1조각을 넣고 부드럽게 녹을 때까지 젓는다. 나머지 버터도 1조각씩 반복해 넣고 부드럽게 풀어 소스를 완성한다.
3 2에 자몽 조각과 대파를 넣고 소금과 후추로 간을 한다.

ingredient.

대파 녹색과 흰색 부분을 따로 다진 것 4대 분량, 화이트 와인 1/4컵,
잘게 썬 자몽 2개 분량, 자몽즙 2개 분량, 버터 5조각

+ 산뜻하고 고급스런 맛으로 닭고기나 쇠고기, 해산물 등 각종 스테이크나 샐러드 소스로 잘 어울려요

telomere food 07

NUTS

견과류

심장 건강을 개선하고 행복감을 높여줘요

하루 한 줌 견과류는 많은 사람들이 아는 건강 상식으로 자리 잡았죠. 요즘엔 다양한 견과류를 섞어서 매일 먹을 수 있게 1봉지씩 포장되어 나오는 상품들이 인기예요. 그럼 왜 견과류를 꾸준히 챙겨 먹어야 하는지 이유를 알아볼까요?

먼저 견과류는 우리 인체에서 가장 중요한 심장의 건강을 개선해 줘요. 견과류에 농축되어 있는 필수지방산이 심장의 부정맥과 동맥 내의 콜레스테롤 축적을 감소시켜주거든요. 견과류를 주기적으로 먹으면 피를 맑게 하는 데 도움이 되는데요, 그 효능이 올리브오일만큼 뛰어나다고 해요.

호두와 피스타치오는 기억력과 뇌 건강을 지켜주는 필수아미노산과 항산화제를 듬뿍 함유하고 있어요. 견과류에 들어 있는 엽산과 비타민은 치매나 알츠하이머가 생길 위험도 낮춰준답니다. 많은 의사들이 다양한 질병의 원인이 염증 반응 때문에 일어난다고 하는데요, 견과류에 들어있는 오메가3 지방산이 몸의 염증 반응을 조절하고 완화하는 작용을 하기 때문에 견과류를 꾸준히 먹으면 일반적인 만성 질환을 예방하는 데 도움이 된답니다.

매일 호두나, 아몬드, 피스타치오 같은 견과류를 챙겨 먹으면 세로토닌이 증가하게 되는데요, 이 성분이 식욕을 억제해 주고 건강한 심장을 유도하며, 행복감을 증진시켜 줘요. 엄청난 양의 항산화 물질과 단일불포화지방산, 그리고 엽산까지 함유하고 있어 우리의 몸을 보다 젊게 유지시켜 주는 견과류, 텔로미어 관리에 정말 중요한 식품입니다.

보관하는 방법

견과류의 매력적인 풍미는 높은 기름 비중 덕분입니다. 건강한 기름으로 알려진 불포화지방산인데요, 쉽게 변질되는 단점이 있어요. 견과류 중에서 특히 땅콩,

캐슈너트, 피칸은 쉽게 산패되기 쉬우니 귀찮더라도 적은 양을 자주 구입해 드세요. 견과류를 고를 때는 냄새를 맡아보고 산패된 냄새가 나는 것은 피해야 해요. 보관할 때는 빛이 통과되지 않는 밀폐 용기에 담아 냉장에 넣는 것이 가장 좋아요. 오래 두려면 냉동도 괜찮고요. 혹시 절은 냄새가 난다면 아깝다 생각 말고 폐기하세요. 건강에 좋지 않으니까요.

종류별 더 맛있고 건강하게 즐기는 방법

호두 가능한 겉껍질이 있는 것을 고르세요. 겉껍질을 벗긴 것은 유통과정에서 산패의 우려가 있습니다. 겉껍질이 없더라도 속껍질은 꼭 있는 것이 좋아요. 속껍질 속에 항산화 성분이 많거든요. 하루 5개 정도 생으로 천천히 먹는 것이 가장 좋아요.

땅콩 땅콩은 볶으면 항산화 성분이 더 증가한다고 해요. 그런데 볶을 때 당분은 넣지 않는 것이 효능 면에서 더 좋아요.

잣 샐러드에 넣거나 다양한 나물 요리에 얹어보세요. 고소하고 식감이 좋아 잘 어울릴 거예요. 가장 좋은 방법은 간식처럼 그냥 먹는 것입니다. 한 번에 약 5~10g 정도 부담 없는 양을 권합니다.

캐슈너트 고소한 맛에 단맛도 나고 식감이 부드러워 다양한 방식으로 먹을 수 있어요. 적당한 크기로 분쇄해 샐러드나 야채수프에 넣거나 그린 스무디나 밀크셰이크에 넣어도 잘 어울립니다. 볶음요리에 넣으면 온화한 향으로 풍미를 올려주죠.

밤 굽거나 삶아서 먹다 보면 맛있어서 한 번에 많은 양을 먹기 쉬워요. 건강을 위해 장기간 먹는 것이라면 생밤을 몇 알씩 간식으로 먹는 것이 좋아요. 생밤을 적당한 크기로 잘라 시리얼에 넣거나 샐러드에 넣어도 잘 어울려요.

아몬드 버터

recipe.

1 아몬드를 뚜껑 있는 용기에 담아 냉장고에서 8시간 동안 물에 불린다.
2 불린 아몬드의 물기를 없애고 기름을 두르지 않은 팬에 약한 불로 10분간 볶아 식혀 둔다.
3 믹서에 2의 아몬드와 코코넛오일을 조금씩 넣어가면서 부드럽게 갈아 낸다.
4 부드러운 버터가 완성되면 소금과 꿀 등으로 기호에 맞게 염도와 당도를 조절한다.

ingredient.

무염 생 아몬드 2컵, 코코넛오일 2큰술, 소금, 꿀 또는 메이플 시럽, 계피, 바닐라 에센스

+ 고소한 맛과 풍부한 영양이 듬뿍! 샐러드 드레싱, 스무디, 아이스크림 등에도 활용할 수 있어요

견과 밀웜 영양바

recipe.

1 큰 볼에 아몬드, 호박씨, 밀웜, 코코넛 플레이크, 크랜베리를 넣고 고루 잘 섞어 놓는다.
2 가열한 냄비에 올리고당, 아몬드 버터, 소금을 넣고 부드러워질 때까지 저어준다.
3 불을 끄고 바닐라 에센스와 바닐라 빈을 넣고 저어준다.
4 3의 시럽 혼합물을 섞어 놓은 너트 혼합물에 넣고 고루 섞는다.
5 베이킹 판에 종이 호일을 깔고 섞어 놓은 혼합물을 붓고 크고 평평한 주걱을 사용하여 평평하고 단단하게 눌러 모양을 잡는다.
6 미지근하게 식으면 도마 위로 옮기고 칼을 사용하여 먹기 좋은 크기로 자른다.

ingredient.

아몬드 2컵, 호박씨 1/2컵, 동결건조 밀웜 1/2컵,
코코넛 플레이크 1/3컵, 크랜베리 1/4컵,
올리고당 1/4컵, 아몬드 버터 1/4컵,
바닐라 에센스 1/4작은술, 바닐라 빈 2개, 소금

+ 양질의 근육 단백질이 풍부한 밀웜을
활용해 회복기 환자나 청소년들에게
특히 좋아요

견과류 버거

recipe.

1 양파와 셀러리를 잘게 다져 달군 팬에 올리브오일을 두르고 볶는다.
2 갈색이 돌면 밀가루를 넣고 천천히 볶는다.
3 물을 조금씩 넣으면서 소스 농도를 걸쭉하게 만든다.
4 견과류, 빵가루 1컵을 넣고 소금으로 간을 맞춘다.
5 반죽이 식으면 8개로 나누어 햄버거 패티를 만든다.
6 패티에 빵가루를 입혀 달군 팬에 기름을 넉넉히 두르고 굽는다.
tip. 양파와 셀러리를 아주 잘게 다져서 충분히 갈색이 돌도록 볶아야 단맛과 구수한 맛이 제대로 살아나요.

ingredient.

잘게 썬 견과류 400g, 잘게 다진 양파 2개 분량, 잘게 다진 셀러리 2줄기 분량, 물 2컵,
밀가루 2큰술, 패티 반죽용 빵가루 1컵, 패티에 묻힐 빵가루 적당량, 올리브오일, 소금
*곁들이용 샐러드 채소

+ 고기가 전혀 들어가지 않지만 고기 맛을 그대로 느낄 수 있는 비건 요리에요

견과 크래커

recipe.

1 오븐을 160°C로 예열한다.
2 그릇에 달걀 2개를 풀고 꿀을 넣고 잘 섞은 다음 씨앗과 잘게 자른 견과류, 밀가루를 넣는다.
3 반죽을 잘 저어준다.
4 종이 호일 위에 반죽을 모양 잡아 올리고 납작하게 누른다.
5 20분간 오븐에서 굽고 꺼내어 식힌다.

ingredient.

각종 씨앗류 100g, 달걀 2개, 꿀 1큰술, 아몬드 100g, 피스타치오 10개, 밀가루 2작은술

+ 바삭한 식감으로 간식으로 먹기 좋아요

SALMON

연어

피를 맑게 해주는 슈퍼푸드

'거꾸로 강을 거슬러 오르는 저 힘찬 연어들처럼~' 유명 가수 강산에 씨의 노랫말처럼 연어 하면 회귀본능이 제일 먼저 떠오릅니다. 연어는 강에서 태어나 일생을 큰 바다로 나가서 살다가 알을 낳기 위해 자신이 태어난 곳으로 돌아옵니다. 그러기 위해 폭포까지 거슬러 오른다고 하니 활동량이 대단하죠. 강과 바다를 오가며 쌓인 연어의 다양한 영양분은 주변의 동식물 그리고 우리에게 아주 소중한 먹거리가 된다고 해요.

연어는 다양한 종류가 있고, 맛도 차이가 납니다. 주로 수입품을 찾게 되는데요, 수입품 연어의 지나친 기름기가 거북하다면 국내산 양식 연어를 구입하는 것도 방법입니다. 2015년 강원도 고성 지방에서 양식에 성공한 은연어는 노르웨이산 대서양 연어에 비해 기름기가 적고 담백한 편이어서 자연산과 가까운 맛을 느낄 수 있습니다.

미국 심장 학회에서는 건강한 심장을 위해 하루 한 끼의 연어를 권장할 정도로 연어는 영양성분이 뛰어난 슈퍼푸드에요. 특히 오메가3 성분이 풍부해서 우리 몸의 나쁜 콜레스테롤을 제거해 주기 때문에 혈관 건강에 도움을 줍니다.

또, 칼슘이 몸에 잘 흡수될 수 있도록 도와주는 비타민 D가 풍부해서 갱년기 여성들의 골다공증을 예방하는데도 좋아요. 연어의 아름다운 살색은 연어가 대량으로 섭취하는 갑각류에 함유된 카로티노이드의 영향 때문인데요, 항산화 물질인 이 성분이 우리 피부를 촉촉하고 윤기 나게 가꾸어 줍니다.

훈제연어와 염장 연어

생선이라고 무조건 몸에 좋은 것은 아니에요. 염장이나 훈제한 가공 제품은 발암 위험이 있다고 보고되고 있거든요. 2015년 세계보건기구(WHO) 산하

국제 암연구소는 가공육이 특히 대장암 발병 위험을 높이는 발암 물질이라고 규정했습니다. 이와 같은 이유로 가공육을 적게 먹어야 하는 것처럼 훈제연어 역시 자주 먹기보다는 가끔 먹는 특별한 음식 정도로 섭취하는 편이 좋겠죠.

이런 점을 주의하세요!

오메가3 지방산은 혈액을 묽게 해서 혈액 응고를 막기 때문에 심혈관 질환의 발병을 줄이는 것에는 도움을 주지만 출혈성 질환을 앓고 있는 사람에게는 부작용이 있을 수 있습니다. 관련 질환을 앓고 있다면 주의하세요.

더 건강하고 맛있게 먹으려면

일주일에 두 번 정도 섭취하면 좋고 가능하다면 자연산을 권장합니다. 연어 색깔 중 검은 부분은 껍질 쪽 살로서 영양분이 풍부하므로 일부러 떼어내지 않도록 합니다.

연어는 신선한 회로 먹거나 훈제로 즐겨먹으며 날 것을 마리네이드 양념에 재웠다 먹기도 합니다. 연어장이나 연어 덮밥을 할 때는 훈제 연어보다 생연어로 해야 제맛이 난답니다.

음식을 조리할 때 소스를 잘 사용하면 요리의 퀄리티를 올려 줄 수 있는데요, 기름진 연어요리의 마지막 단계에서 핫소스를 조금 넣으면 느끼한 맛을 맛있게 잡아 줄 수 있습니다. 산미 또한 느끼한 맛을 잡는데 탁월해서 식초나 레몬즙을 뿌리면 연어요리를 보다 산뜻하게 즐길 수 있죠. 레몬은 연어의 영양이 더 잘 흡수되도록 돕는 역할도 하니 궁합이 좋은 재료에요.

연어 샐러드

recipe.

1 접시에 잎채소를 깔고 훈제연어와 무화과, 어린잎 채소를 모양 잡아 담는다.
2.줄기 케이퍼를 보기 좋게 올리고 올리브오일, 발사믹 식초, 소금, 후추를
뿌려 완성한다.

tip. 무화과에는 강력한 항산화 물질인 레스베라트롤이 들어있어서
중성지방과 나쁜 콜레스테롤 흡수를 줄여주는 효능이 있어요.

ingredient.

훈제연어 슬라이스 100g, 6등분 한 무화과 2개 분량, 어린잎 채소 적당량,
줄기 케이퍼 1큰술, 올리브오일 2큰술, 발사믹 식초 2큰술, 소금, 후추

+ 고운 빛깔과 부드러운 식감의 영양 샐러드

연어 포케

recipe.

1 싱싱한 연어를 먹기 좋은 크기로 깍둑 썰어 준비한다.
2 연어에 쯔유, 맛술, 후추, 참기름, 다진 마늘을 넣어 재워둔다.
3 아보카도, 양파, 당근, 방울토마토를 먹기 좋은 크기로 잘라준다.
4 완성 그릇에 한 김 식힌 밥을 담고 연어와 준비한 재료를 보기 좋게 올리고 고추냉이를 올려 완성한다.

ingredient. 1인분

생연어 200g, 아보카도 1/2개, 밥 1공기, 양파 1/4개, 당근 1/4개, 방울토마토 5알, 생 고추냉이 조금

***연어 재우는 양념** : 쯔유 1큰술, 다진 마늘 1/2큰술, 참기름 1큰술, 후추 약간, 맛술 1/2큰술

연어 스테이크

recipe.

1 스테이크용 연어에 칼집을 낸다.
2 1에 소금과 후추로 간을 하고 밀가루를 묻힌다.
3 팬을 달구어 올리브오일을 두르고 2의 연어를 굽는다.
4 연어가 익을 즈음 마늘을 넣고 함께 구워 풍미를 살린다.
5 양파, 버섯을 각각 먹기 좋게 썬다.
6 올리브오일을 두른 팬에 다진 마늘, 양파를 볶는다.
7 6에 표고버섯과 팽이버섯을 볶고 청경채를 넣어 볶다가 굴소스로 맛을 낸다.
8 완성 접시에 볶은 채소를 깔고 구운 연어를 올린다.
9 마요네즈와 홀 머스타드, 쯔유를 섞어 소스를 만들어 뿌려낸다.

ingredient.

스테이크용 연어 100g, 팽이버섯 30g, 마늘 1통, 양파 30g, 표고버섯 30g,
청경채 30g, 소금, 후추, 굴소스 1작은술, 다진 마늘, 밀가루, 올리브오일
*소스 : 마요네즈 100g, 쯔유 10g, 홀 머스타드 1작은술

+ 채소볶음을 넉넉히 곁들여 풍성하게!

+ 대파와 부추의 풍미가 연어와
잘 어우러지는 미용건강식이에요

연어 대파찜

ingredient.

껍질 제거한 연어 150g,
대파 200g,
셀러리 100g,
부추 200g,
마늘 저민 것 6~7쪽
분량, 올리브오일,
딜 1/2묶음,
사워크림 2작은술
*소스 :
올리브오일 3큰술,
채수 4큰술, 소금, 후추,
고춧가루

recipe.

1 달군 팬에 오일을 두르고 마늘 편을 볶아 향을 낸 다음 연어를 올려 겉이 노릇하게 살짝 굽는다.
2 대파, 셀러리, 부추는 잘게 썬다.
3 종이 호일 (약 30 x 25cm)을 2장 놓고 2의 채소를 깔고 1의 연어를 올린다.
4 3에 소스 재료를 고루 섞어 뿌리고 종이 호일을 접어서 사탕처럼 끝을 꼬아 조리용 끈으로 묶는다.
5 찜기에 김이 오르면 4를 20분간 쪄낸다.
6 접시에 5를 올린 후에 종이 호일을 열고 딜을 올려 장식하고 사워크림 2작은술을 얹어 완성한다.

APPLE

사과

껍질째 먹어야 장 튼튼! 피부 노화도 예방!

'사과' 하면 재미있고 다양한 다섯 가지 이야기로 유럽의 역사를 떠올리게 되죠. 그 첫 번째로는 에덴동산에서 '이브'가 뱀의 유혹을 뿌리치지 못하고 따먹게 된 ≪선악과≫이고, 다음은 뉴턴의 ≪만류인력≫을 깨닫게 한 나무에서 떨어지는 사과였는데, 뉴턴의 집 앞에 있던 사과나무는 '켄트의 꿈'이라는 품종으로 사과의 맛은 별로라고 해요. 또, ≪백설 공주≫ 이야기 속의 독이 든 사과, 그리스 로마신화 속 트로이 전쟁의 원인이 된 ≪황금사과≫이야기, 마지막으로 궁수인 ≪빌헬름텔≫이 아들의 머리 위에 올려진 사과를 활로 쏘아 맞춘 이야기는 스위스의 자유와 독립을 의미하는 상징적인 이야기입니다. 이처럼 사과는 오랫동안 인류의 곁에서 함께 해 온 아주 친근한 과일이에요.

"매일 사과를 먹으면 병원 갈 일이 없다"라는 말이 있을 정도로 사과는 건강에 좋은 대표적인 과일이죠.

사과는 주로 탄수화물과 수분으로 구성되어 있는데요, 과당, 자당, 포도당과 같은 단당류가 풍부합니다. 탄수화물과 당도는 높지만 혈당 지수(GI)는 낮은 편인데요 그 이유는 바로 섬유질과 폴리페놀 함량이 높기 때문이에요.

중간 크기의 사과 한 개에는 약 4g 정도의 섬유질이 들어있고 이중 일부는 펙틴의 형태를 취하고 있죠. 프리바이오틱으로 작용하는 펙틴은 장에 있는 좋은 박테리아의 먹이가 되어줍니다. 또한 유해한 콜레스테롤의 흡수를 차단해주며, 발암물질과 중금속을 몸 밖으로 배출하는 놀라운 효능을 갖고 있어요. 사과의 섬유질은 포만감을 주기 때문에 체중 감소를 돕는 동시에 혈당 수치를 낮추어 주기도 합니다.

사과 껍질에 들어있는 '퀘르세틴'은 항염증, 항바이러스, 항암 및 항우울증에 효과가 있어요. 특히 피부의 노화를 막아주는 데 탁월하죠. 사과 껍질의

'우르솔산'은 비만을 억제하는 효과가 있어요. 사과는 또한 노화가 진행되어 감에 따라 감소할 수 있는 아세틸콜린의 생성을 도와줍니다. 이는 신경 전달 물질로서, 기억력을 증진시키고 알츠하이머가 발병할 확률을 낮추어줍니다.

고르는 요령

사과는 껍질이 매끈한 것보다 오히려 거친 것이 더 싱싱해요. 사과를 만지다 보면 표면에 왁스 같은 것이 느껴질 때가 있는데요, 이것은 인공왁스가 아니고 나무에서 딴 지 며칠 된 사과에서 자연적으로 나오는 성분이에요. 나무에 달려있던 사과를 따면 그동안 줄기에서 공급받던 항산화 성분을 더 이상 받을 수 없기 때문에 스스로 방어막을 만들게 됩니다. 이 성분은 우리 몸에 해롭지 않으니 걱정하지 않아도 된답니다.

더 건강하게 먹으려면

아침 사과는 금사과라는 말처럼 아침에 사과를 먹으면 위 활동을 촉진시켜 위액 분비를 활발하게 해준다고 해요. 몸에 이로운 각종 성분이 껍질에 특히 많이 들어 있기 때문에 흐르는 물에 뽀득뽀득 잘 씻어서 껍질째 생으로 먹는 것을 권합니다. 만약 잔류농약이 걱정된다면 물기 묻은 사과에 베이킹소다를 뿌리고 잠시 두었다가 꼼꼼히 문지른 다음 물에 깨끗이 헹궈주세요. 움푹 들어간 꼭지부분은 유해물질이 남아있을 가능성이 있으니 이 부분은 먹지 않는 것이 좋아요.

+ 사과와 석류를 곁들여 그윽하면서
상큼한 맛! 파티 음료로도 훌륭해요

가을 로제 샹그리아

recipe.

1 사과는 채 썰고 오렌지와 레몬, 라임은 껍질을 깨끗이 씻어 모양대로 얇게 편 썰어서 준비한다. 석류는 알맹이만 알알이 떼어 준비해 둔다.
2 큰 피처에 준비한 과일을 모두 넣고 시나몬 스틱을 얹는다.
3 사과 주스, 브랜디, 차가운 로제를 붓는다.
4 긴 나무 숟가락을 사용하여 과일과 섞는다.
5 서빙 직전에 글라스에 얼음을 조금씩 넣고 4의 샹그리아를 따른다.
6 과일을 보기 좋게 장식해 완성한다.

ingredient.

초록 사과 1개,
홍옥 사과 1개,
오렌지 2개, 레몬 1개,
라임 1개, 석류 1컵,
시나몬 스틱 3~4개,
맑은 사과 주스 2컵,
브랜디 2컵, 로제 1병

사과 블루치즈 샐러드

recipe.

1 분량의 소스 재료를 모두 넣고 섞는다.

2 사과와 준비한 채소, 콩을 큰 그릇에 고루 담고 소스를 부어 버무린다.

3 완성 그릇에 보기 좋게 담고 블루치즈, 페타치즈, 피칸을 올려 완성한다.

tip. 제시한 재료 외에 잘게 썬 케일, 어린잎 시금치, 프로슈토, 삶은 콩, 청포도 등 다양한 재료를 마음껏 활용해 보세요.

ingredient.

얇게 편 썬 사과 2개 분량, 송이를 나누어 끓는 물을 부어 살짝 데친 브로콜리 또는 콜리플라워 100g, 껍질 벗겨 잘게 썬 셀러리 3줄기 분량, 블루치즈·페타치즈 적당량씩, 구운 피칸 1/2컵

*소스 : 잘게 다진 쪽파 3대 분량, 엑스트라 버진 올리브오일 2큰술, 디종 머스타드 1큰술, 사과 식초 3큰술, 꿀 또는 메이플 시럽 2큰술, 사워크림이나 플레인 요구르트, 소금, 후추

+ 블루치즈와 상큼한 사과의 맛이 잘 어울려요

사과 월남쌈과 매콤 고추냉이소스

recipe.

1 소스 재료를 작은 그릇에 모두 넣고 잘 섞는다. 간 조절은 물로 한다.
2 쌀국수는 끓는 물에 삶아서 완전히 식을 때까지 찬물로 헹군 다음 면이 서로 달라붙지 않도록 참기름을 뿌려 고루 코팅해 둔다.
3 채 썰어 준비한 재료들과 쌀국수를 가지런히 준비해 둔다.
4 크고 깊은 접시에 뜨거운 물을 채운다.
5 뜨거운 물에 라이스페이퍼를 20초 동안 담갔다가 조리 접시로 옮긴다.
6 라이스페이퍼 위에 준비한 속 재료를 가지런히 올리고 김밥 말듯이 접어 굴리다가 양쪽 옆을 접어 넣고 완전히 굴려 마무리한다.
7 말아 놓은 롤은 반으로 잘라 접시에 담아 완성하고 소스와 함께 낸다.

+ 재료를 다 갖추지 않아도 좋아하는 재료 몇 가지 넣어 후다닥 만들어 보세요

ingredient.

가늘게 채 썬 사과 2개 분량, 쌀국수 100g, 가늘게 채 썬 아보카도 2개 분량,
가늘게 채 썬 오이 1 개 분량, 가늘게 채 썬 적양배추 1/4 개 분량, 신선한 고수 잎 1 묶음,
라이스페이퍼 10~12장, 참기름 1작은술
***매콤 고추냉이소스** : 쯔유 1큰술, 현미 식초 1큰술, 액젓 1작은술, 고추냉이 1작은술,
따뜻한 물 1/3 컵

+ 간단한 재료지만 온가족이 즐길 수
있는 건강 간식이에요

사과 시나몬 칩

recipe.

 # 건조기를 사용할 경우

1 얇게 썬 사과는 건조기에 겹치지 않게 펼친 뒤 유기농 설탕과 시나몬 가루를 섞어 고루 뿌리고, 70°C 온도로 10시간 동안 말린다.

 # 오븐을 사용할 경우

1 오븐을 100°C로 예열한다. 2 얇게 썬 사과를 종이 호일 위에 겹치지 않도록 펼치고 유기농 설탕과 시나몬 가루를 섞어 고루 뿌린다. 3 칩이 마를 때까지 2~3시간 동안 굽는다. 4 채반에 꺼내서 하루 정도 말린다.

tip. 슬라이스 두께에 따라서 사과 칩의 바삭함이 달라지므로 되도록 얇게 슬라이스 하세요.

ingredient.

사과 4개, 시나몬 가루 1큰술, 유기농 설탕 1큰술

AVOCADO

아보카도

다이어트에 좋은 고지방·영양만점 과일

아보카도는 '숲속의 버터'라고 불리며 오랫동안 몸에 해로운 고지방 식품이라는 오해를 받아 왔죠. 다이어트에는 반드시 피해야 하는 과일로 취급받으며 조금은 억울한 세월을 보내왔지만, 지금은 최고의 요리 재료로 셰프들의 선택을 받으며 꾸준히 인기몰이 중입니다.

다양한 종류의 아보카도 중에 우리가 가장 즐겨 먹는 하스(Hass) 품종은 일 년 내내 경작되고 있기 때문에 사계절 언제나 신선한 아보카도를 즐길 수 있습니다.

아보카도는 기네스북에서 선정하는 세계에서 가장 영양가 높은 과일로 선정되었을 뿐만 아니라 타임지가 선정한 10대 슈퍼푸드 중 하나이기도 합니다.

최근에 발표된 연구결과를 살펴보면 과육은 약 20%가 기름으로 고지방 식품이기 때문에 포만감이 오랫동안 유지되어 오히려 체중 감량에 도움이 될 뿐만 아니라 영양적으로도 우수하다고 밝혀지고 있습니다.

지방은 무조건 나쁘다고 말하던 때가 있었죠. 하지만 아보카도에 들어있는 지방산은 대부분이 단일 불포화 지방산 올레산입니다. 올리브오일의 주요 성분이기도 한 이 올레산은 혈액 내 위험한 LDL(저밀도 지단백) 콜레스테롤 수치는 낮추고, 유익한 HDL(고밀도 지단백) 콜레스테롤 수치는 높여 줍니다. 과도하게 섭취하지만 않는다면 오히려 나쁜 콜레스테롤 수치를 줄여 주는 데 도움이 되니까 유익한 지방산이라고 할 수 있습니다.

항산화 물질 풍부해 암 예방 효과 높아

아보카도는 세계에서 가장 영양가 높은 과일로 선정되었을 만큼 항산화 물질이 풍부하여 암의 변화로부터 세포를 보호해 줍니다. 알파 카로틴은 암 및 심장질환 사망 위험을 낮춰주고, 단일불포화지방과 비타민 E는 유방암 예방

효과가 있으며, 비타민 C는 췌장암, 위암, 폐암과 같은 비호르몬 암을 예방해 줍니다. 또한, 항암화학요법의 부작용을 줄이는 데도 도움이 된다는 연구 결과가 발표되었습니다.

숙성시킨 아보카도 더 오래 즐기려면

아보카도를 나무에서 따면 아주 밝은 녹색입니다. 이 아보카도가 상온에서 익어가면서 점차 색이 진해지죠. 껍질 색이 진한 녹색을 거쳐 갈색으로 있다가 진한 갈색으로 변하는 시기가 있는데, 이때가 매우 맛있게 잘 익은 상태라고 보면 됩니다.

아보카도를 잘 보관하려면 빛과 공기가 닿지 않도록 하는 것이 중요해요. 덜 익은 아보카도를 후숙시킬 때도 마찬가지로 하나씩 개별 포장해 두는 것이 좋습니다. 그러면 껍질을 보호해 주기 때문에 상처가 덜 나서 좋고 이미 잘 익은 아보카도라도 잘 포장해 두면 숙성이 늦춰져 싱싱한 상태로 3~4일 정도 보관할 수 있습니다.

익은 아보카도의 보관 시간을 조금 더 늘리려면 개별 포장한 상태로 김치냉장고에 넣는 게 좋아요. 이때는 신문지나 종이로 여러 겹 감싸주면 직접 닿게 되는 찬 기운을 막아줘서 맛이 더 오래 유지됩니다. 껍질을 벗긴 아보카도는 시간이 지날수록 산화되어 과육의 색이 검게 변하게 되는데요, 남은 아보카도의 단면에 레몬즙이나 올리브오일을 살짝 발라두면 변색을 어느 정도 막을 수 있습니다. 사용하고 남은 아보카도는 씨를 빼지 말고 그대로 보관해야 더 오래간답니다.

아보카도 명란 컵밥

recipe.

1 아보카도는 작은 주사위 모양으로 자른다.
2 파프리카는 아주 잘게 자른다.
3 마요네즈와 쯔유, 고추냉이를 잘 섞어 소스를 만든다.
4 한 김 식은 현미밥 반을 투명 컵에 담고 피망을 올린 다음, 아보카도와 명란을 반씩 올린다.
5 만들어 둔 소스 분량의 반을 올리고 다시 4를 반복한다.
6 어린싹 채소를 올리고 깨소금과 참기름을 두세 방울 뿌려 완성한다.

ingredient. 1인분

잘 익은 아보카도 1/2개, 다진 명란 1큰술, 어린싹 채소 적당량, 현미밥 1/2컵, 두 가지 색 파프리카 적당량씩, 마요네즈 1큰술, 쯔유 1작은술, 고추냉이 약간, 깨소금, 참기름

아보카도와 과일 썸머 롤

recipe.

1 믹서에 코코넛 밀크, 바질, 캐슈 버터, 라임 주스, 마늘, 할라피뇨, 생강, 소금을 넣고 갈아 놓는다.
2 아보카도와 오이, 비트, 과일은 잘 씻어서 얇게 잘라 둔다.
3 쌀국수는 삶아서 물기를 빼 둔다.
4 볼에 따뜻한 물을 준비한다.
5 라이스페이퍼를 따뜻한 물에 5초 동안 담근 다음 꺼내서 접시 위에 놓고 손질해 둔 내용물을 번갈아 가면서 채운 다음 잘 접어 말아 준다.
6 완성접시에 가지런히 올려 완성한다.
7 1의 바질 코코넛 소스와 함께 낸다.

tip. 비트 대신 수박무를 활용해도 빛깔이 고와요.

+ 더운 여름 주말에 가벼운 식사로
준비하면 좋아요

ingredient. 2인분

아보카도, 오이, 비트, 레드키위, 쌀국수, 바질, 민트, 계절과일, 참깨, 라이스페이퍼

*소스 : 코코넛 밀크 1/2컵, 바질 1/4컵, 캐슈 버터 1큰술, 라임 주스 1큰술, 할라피뇨 1/4개, 마늘 약간, 신선한 생강즙 1/2작은술, 소금 1/4작은술

아보카도 토마토 샐러드

recipe.

1 아보카도를 반으로 나누고 씨앗을 분리 한다.
2 반으로 잘라놓은 아보카도에 소금과 후추로 간을 맞춘다.
3 토마토와 적양파는 먹기 좋게 잘게 썬다.
4 기름을 두르지 않은 팬에 토마토를 넣고 살짝 볶아 식힌다.
5 잣 1큰술과 토마토, 적양파, 마늘, 바질을 섞어 아보카도 씨앗 자리에 넣는다.
6 파마산 치즈와 발사믹 식초를 뿌린다.
7 장식용 딜을 올려 완성한다.

+ 빵이나 구운 감자를 곁들이면
한끼 식사로 충분해요

ingredient. 2인분

아보카도 1개, 토마토 1개, 후추 1큰술, 잣 1큰술, 적양파 몇 조각, 다진 마늘 1작은술,
다진 바질 2 큰술, 발사믹 식초 2큰술, 파마산 치즈 가루 약간, 장식용 딜

아보카도 키위주스

recipe.

1 블렌더에 분량의 재료를 넣고 원하는 질감이 될 때까지 간다.

2 잔 두 개에 나눠 완성한다.

ingredient. 2인분

잘 익은 아보카도 1개, 냉동 바나나 1개, 잘 익은 키위 2개, 아몬드 우유 1컵, 얼음 3개, 라임즙 1큰술

+ 칼륨 부족으로 인한 두통과 불면증, 고혈압에 좋아요

TOMATO

토마토

세포의 젊음을 유지해 주는 라이코펜 풍부

아이들 어릴 때 주말농장을 몇 년간 했었는데 토마토는 매년 심어 먹었어요. 토마토 꽃이 떨어지고 열매가 맺히고 익어가는 과정을 함께 보면서 기뻐했던 생각이 납니다. 빨갛게 잘 익은 토마토를 딸 때 느끼는 그 경쾌한 손맛과 이어지는 까슬한 솜털의 감촉이 참 건강한 느낌을 주었어요. 나무에서 빨갛게 익은 토마토는 마트에서 구입한 것과는 비할 수 없이 맛있었답니다.

“토마토가 빨갛게 익으면 의사 얼굴이 파랗게 된다”라는 유럽 속담이 있어요. 그만큼 토마토는 건강식품으로 널리 알려져 있죠. 이렇게 주목받는 가장 큰 이유는 '라이코펜' 때문이에요. 토마토의 붉은색을 만드는 라이코펜은 노화의 원인이 되는 활성산소를 배출시켜 세포의 젊음을 유지시켜줍니다.

토마토의 비타민 C는 잔주름 예방과 멜라닌 색소가 생기는 것을 막아 기미 예방에도 효과가 뛰어납니다. 풍부한 칼륨은 나트륨을 체외로 배출하는 역할을 하고, 함께 들어 있는 '루틴'은 혈관을 튼튼하게 하여 혈압을 내리는 역할을 하기 때문에 고혈압 환자에게 특히 좋은 식품이라고 할 수 있어요.

토마토 1개(200g 기준)의 열량은 14㎉에 불과하고 수분과 식이섬유가 많기 때문에 식사 중에 토마토를 함께 먹는 습관을 들이면 식사량을 줄일 수 있고 소화도 잘 되면서 신진대사를 촉진하게 되죠. 텔로미어 관리를 더욱 적극적으로 하고 싶다면 휴대가 간편한 방울토마토를 가지고 다니면 좋아요. 외식 전에 미리 챙겨 먹으면 한결 과식을 덜하게 된답니다.

익히면 라이코펜의 체내 흡수율이 높아져요

토마토는 수프, 샐러드, 피자, 파스타 등에 애용됩니다. 끓이거나 잘게 으깨어 주는 조리과정을 거치면서 주요 성분인 라이코펜의 흡수율이 올라가는데요,

올리브오일, 우유 등과 함께 먹으면 체내 흡수력이 더욱 높아집니다.
과음 후에 해장으로 피자를 먹는 이탈리아인들의 이야기를 들어 보셨나요?
어리둥절할 수도 있겠지만 토마토소스를 듬뿍 올린 피자를 생각하면 납득이
가는 이야기입니다. 과음 후 갈증이 날 때 토마토주스를 마시면 갈증이 금방
풀리는데요, 토마토는 이온을 포함하고 있어서 맹물보다 몸에서 훨씬 잘 흡수되기
때문이죠. 과음 후에 간에서 알코올이 분해되는 과정에서 발생하는 활성산소를
라이코펜이 효과적으로 없애주기 때문에 음주 전 토마토 주스를 마셔두면 숙취
걱정을 덜 수 있어요.

덜 익은 토마토는 독성 주의!

덜 익은 토마토에는 솔라닌이라는 독성이 있는 경우가 있어요. 복통이나 설사를
일으킬 수 있으니 잘 익은 것으로 골라 먹어야 합니다. 또 흠집 난 토마토는 각종
세균이 번식할 수 있으니 주의가 필요해요. 토마토는 성질이 차가워 위장이 냉한
사람은 많이 먹지 않는 것이 좋아요.

고르는 법과 손질하는 요령

토마토는 꼭지가 싱싱한 것을 골라야 해요. 과실이 풍만한 듯한 둥근 형태로
만졌을 때 단단하고 무거운 것이 잘 익은 토마토랍니다.
보관할 때에는 꼭지가 아래로 향하게 하고 물러지는 것을 막기 위해서 서로
겹치지 않게 놓아주세요. 상온 보관 시에는 바구니에 펼쳐 담아 통풍이 잘 되는
곳에 두고 냉장 보관 시에는 종이타월로 싸서 냉장고의 채소 칸에 넣어주세요.
1~2개월 정도 두고 먹을 때는 살짝 데쳐서 껍질을 벗기고 씨를 제거한 후 1회분씩
나누어 냉동시키면 요리할 때에 바로 사용할 수 있어 좋아요.

+ 제철에 넉넉히
구워 두면 겨울에도
맛있는 토마토
요리를 즐길 수
있어요

토마토 구이

recipe.

1 오븐이나 에어프라이어를 예열하고 베이킹 판에 종이 호일을 깔아 놓는다.
2 토마토를 반으로 썰고, 자른 면이 위로 향하도록 종이 호일에 펼쳐 놓는다.
3 2에 올리브오일을 바른 뒤 소금·후추를 뿌린다.
4 토마토가 주름지고 가장자리가 갈색이 될 때까지 130°C에서 50분간
굽는다. 건조기를 이용할 경우에는 70°C로 설정하고 12시간 말려준다.
5 충분히 식혀서 밀폐용기에 넣어 보관한다. 오래 보관할 때는 올리브오일에
절여 냉동 보관한다.

ingredient.

방울토마토 3컵, 엑스트라 버진 올리브오일 적당량, 소금·후추 조금씩

토마토 절임

recipe.

1 깨끗이 씻은 토마토에 열십자로 칼집을 낸 후 끓는 물에 살짝 데쳐 찬물에 식혀 껍질을 벗긴다.
2 토마토를 옆으로 놓고 적당히 자른다.
3 뚜껑이 있는 보관 그릇에 토마토를 담고 바질, 발사믹 식초를 뿌린 뒤 오일을 붓는다.
4 소금과 후추로 간을 맞춘다.
5 원하는 만큼 통 바질을 넣고 상온에 하루 둔 후에 냉장 보관해두고 3~4일 이내로 먹는다.

ingredient.

완숙 토마토 5개, 엑스트라 버진 올리브오일 1/4 컵, 잘게 썬 신선한 바질 2큰술,
발사믹 식초 1큰술, 바질 잎 적당량, 소금·후추 조금씩

+ 바게트 빵에 올려 먹거나 파스타나 샐러드에 활용하면 좋아요

토마토와 렌틸콩 수프

recipe.

1 냄비를 달군 뒤 기름과 양파를 넣고 부드러워질 때까지 저으며 볶는다.
2 마늘 절반을 넣고 향이 날 때까지 볶다가 토마토와 채수를 넣고 끓인다.
3 2에 삶은 렌틸콩을 넣고 불을 줄여 부드러워질 때까지 끓인 후 불을 끈다. 소금, 후추로 간을 맞춘다.
4 치즈 크루통을 만든다. 먼저 빵을 잘라 조각으로 만든다. 팬에 올리브오일을 두르고 남은 마늘을 넣고 살짝 마늘 향을 낸 후에 빵을 올려 구운 다음 불을 끄고 파마산 치즈를 뿌린다.
5 완성 그릇에 3의 수프를 담고 바질 페스토와 4의 치즈 크루통을 얹어낸다.

ingredient.

잘게 썬 토마토 400g, 삶은 렌틸콩 400g, 잘게 썬 양파 400g, 다진 마늘 4쪽 분량, 올리브오일 1큰술, 채수 2컵, 통밀 식빵 두 장, 파마산 치즈 25g, 신선한 바질 페스토 100g, 소금·후추 조금

+ 토마토의 영양이 한가득! 몸을 가볍게 만들어줘요

크리스마스 리스 카프레제

recipe.

1 방울토마토는 깨끗이 손질해 꼭지 부분을 잘라내고 속을 파낸다.
2 1에 리코타 치즈를 봉긋하게 채우고 한쪽 옆에 마카다미아를 2~3개씩 꽂는다.
3 완성 접시에 바질 잎을 펼쳐 리스 모양으로 만들고 토마토를 올려 완성한다.

ingredient.

방울토마토 1팩, 리코타 치즈 · 구운 마카다미아 적당량씩, 바질

+ 크리스마스나 특별한 날, 예쁜 건강 요리로 행복한 식탁을 만들어요

ABALONE

전복

면역력 증진을 돕는 바다의 산삼

전복은 평생 동안 불로장생을 염원했다는 진시황제가 즐겨 먹었던 음식이라고 해요. 예전에는 굉장히 귀한 식재료였지만 다행히 양식 방법이 개발된 덕에 맛있고 영양가 있는 전복을 이전보다 자주 상에 올릴 수 있게 됐어요.
전복은 해조류가 많이 번식하는 곳에 주로 살면서 다시마, 미역, 감태, 파래 등을 먹고살아요. 내장에 영양소가 많은데요, 생으로 먹기보다는 익혀 먹거나 갈아서 전복죽이나 전복밥에 넣어 주면 풍미가 좋아요. 특히 산란기(참전복 기준 9~11월)에는 내장에 독성이 있으니 생식은 피해야 합니다.
전복은 우리 몸에 유익한 성분으로 가득해요. 비타민 A, B, C를 비롯해 철분, 인, 요오드, 글리신, 아르기닌 같은 미네랄과 아미노산을 풍부하게 함유하고 있어 피로회복을 도와요. 환자 회복이나 성장기 아이들에게도 아주 좋은 식품이고요. 지방질이 적고 단백질이 많으며 열량이 낮아 근육 생성은 물론 체중 관리 중에 부족할 수 있는 기운을 올려 줍니다. 전복은 백혈구가 우리 몸 안에서 싸우는 능력을 키워주기에 면역력을 높여주고 항암효과도 발휘한답니다.

고르는 방법과 보관하는 요령

전복의 제철은 8~10월이에요. 살이 오르는 2~4월도 맛이 좋죠. 가격은 연중 큰 차이가 없는 편이에요. 해조류 중에서도 다시마를 먹고 자란 전복을 최상품으로 칩니다. 자연산인지 양식인지는 껍데기를 보면 알 수 있어요. 따개비와 해초 등이 많이 붙어있으면 자연산, 매끈하면 양식입니다. 일반적으로 해산물은 자연산이 더 맛있다는 인식이 있지만 전복은 꼭 그렇지는 않아요. 다시마, 미역 등 정해진 먹이만 먹고 자란 양식이 더 맛있다는 이들도 많거든요.
전복은 광택이 나면서 탄력이 있는 것이 좋은데요, 전복을 뒤집었을 때 살이 통통한 느낌이 나야 해요. 왕성한 움직임을 보이면서 전복 살 가운데 부분이 노란색을 띠고 테두리 무늬 색이 선명한 것이 좋은 전복이에요.
전복은 얼음 위에 올려놓고 젖은 천으로 덮어 두는 것이 가장 좋습니다.

손질하는 방법

1. 전복을 물로 헹군 다음에 솔로 전복 살의 표면을 살살 문질러 씻습니다.
2. 껍질의 얇은 쪽에 칼이나 얇은 숟가락을 집어넣어 살을 떼어 내고 전복 살 끝에 있는 까맣고 딱딱한 이빨을 제거합니다. 내장은 터지지 않도록 조심스럽게 분리해두었다가 죽이나 전복밥 등에 이용합니다.
3. 전복을 썰 때는 사선 방향으로 썰어야 미끄러지지 않습니다.

더 맛있고 부드럽게 즐기려면

전복은 결합조직 콜라겐 형태로 에너지를 비축하기 때문에 매우 단단하여 조리방법이 아주 중요합니다.
약불로 서서히 가열하면 전복이 부드럽게 익게 됩니다. 가열 온도가 50도를 넘어가면 질겨지고 콜라겐이 오그라들어 조직이 단단하게 뭉치게 되는데 이럴 때는 오랜 시간 뭉근히 끓여서 콜라겐을 젤라틴화 시키는 방법을 써야 합니다.

전복 주스

recipe.

1 냄비에 물 5컵을 붓고 황기와 황태, 무를 넣고 푹 끓여 3컵으로 졸인다.
2 전복은 솔로 깨끗이 씻어 내장을 떼어 낸 후 저며 썬다.
3 냄비에 참기름을 두르고 마늘과 전복을 넣고 살짝 볶는다.
4 믹서에 전복과 무, 육수 3컵을 넣고 곱게 간 다음 컵에 따라 완성한다.

tip. 황태에 풍부하게 들어있는 아미노산 성분인 트립토판이 스트레스를 완화시키고 심신을 안정시켜 마음을 편안하게 만들어 주는 효능이 있답니다.

ingredient. 2인분

전복 4마리, 황기 50g, 황태 50g, 무 1조각, 참기름 1큰술, 다진 마늘 1쪽, 소금

+ 담백하고 먹기 좋은 보양주스, 심신안정과 피로회복에 좋아요

전복 해초 비빔밥

recipe.

1 전복은 솔로 깨끗이 씻어 내장을 떼어 낸 후, 전복 모양을 살려 두께 0.3cm 정도로 저며 썬다.
2 말린 해초는 물에 불려 끓는 물에 데쳐 찬물에 헹궈내고 물기를 빼 둔다.
3 숙주는 끓는 물에 데쳐서 들기름과 소금에 무쳐 놓는다.
4 완성 그릇에 밥을 깔고 해초와 숙주, 오이, 사과를 보기 좋게 둘러 담고 가운데 전복을 올린다.
참기름과 깨소금을 두르고 초고추장과 함께 낸다.

ingredient. 2인분

전복 2마리, 말린 모듬 해초 20g, 숙주 200g, 채 친 오이 1/2개 분량, 채 친 사과 1/4개 분량, 밥 2인분, 들기름 1큰술

***양념장** : 초고추장, 참기름, 깨소금

+ 전복회에 해초를 더해 바다의 영양이 가득!

전복 스테이크

recipe.

1 전복은 솔로 문질러 깨끗이 씻은 후에 김이 오른 찜통에 넣고 센 불에서 1분간 찐다.
2 전복 찐 것을 한 김 식힌 후 껍데기에서 살을 분리한 다음 내장을 제거한다.
3 껍데기에 붙어 있던 면에 가로와 세로로 칼집을 낸다.
4 납작한 면에 녹말가루를 묻히고 털어낸다.
5 달군 팬에 기름을 두르고 전복을 앞뒤로 노릇하게 지진다. 팬 한쪽 옆에 데친 방울양배추나 브로콜리를 올리고 살짝 구워낸다.
6 분량의 소스 재료를 넣고 살짝 끓인다.
7 파의 흰 부분을 채 친 다음 전복껍질 위에 소복하게 올린다.
8 파채 위에 전복을 썰어 얹고 소스를 끼얹은 다음 방울양배추나 브로콜리를 곁들여 낸다.

tip. 고추청은 고추를 수확하는 끝물에 담가요. 끝물에 나오는 홍고추와 풋고추를 잘라서 고추와 동량의 설탕(설탕 : 올리고당을 7 : 3으로 하면 더 좋아요)과 소금 약간을 넣고 열흘 정도 실온에 두면 고추의 빛깔과 맛이 우러나와요. 걸러서 냉장고에 보관해두고 요리할 때 넣으면 고추의 매운맛과 당분이 더해지면서 음식 맛이 한결 깔끔해진답니다.

+ 전복을 가장 맛있게 먹을 수 있는 최고의 요리법!

ingredient. 2인분

전복 2개, 데친 방울양배추 또는 브로콜리 50g, 홍고추 1/2개, 대파 1대, 코코넛오일 1큰술, 녹말가루 1큰술, 대파 흰 부분 채친 것 1컵 ***소스** : 고추청(또는 매실청) 1큰술, 씨 겨자 1큰술, 간장 1작은술, 잣가루 1큰술, 굴소스 1작은술, 올리브오일 1큰술

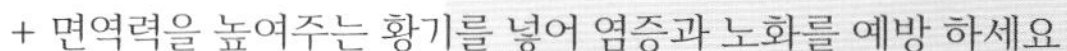

전복 면역죽

ingredient.

전복 1개, 불린 쌀 1컵,
참기름 1큰술,
황기 달인 물 7컵,
우리 간장 1작은술,
다진 마늘 1작은술, 소금
***황기물** : 마른 황기 100g에 물 10컵을 붓고 7컵이 되도록 달여 놓는다.

recipe.

1 전복은 솔로 깨끗이 씻어 내장을 떼어 낸 후, 전복 모양을 살려 두께 0.3cm 정도로 저며 썬다.
2 냄비를 달구어 참기름을 두르고, 불린 쌀을 넣어 중간 불에서 볶다가 전복과 다진 마늘을 넣고 조금 더 볶는다.
3 황기 물을 붓고, 센 불에서 끓으면 중간 불로 낮추어 뚜껑을 덮고, 가끔 저으면서 30분 정도 쌀알이 푹 퍼질 때까지 끓인다.
4 우리 간장과 소금으로 간을 맞춰 한소끔 끓인 후에 불을 끈다.

tip. 잘 말린 황기를 구입해 두고 국이나 탕, 죽을 끓일 때 육수를 만들어 사용하면 좋아요. 황기는 우리 몸에 따뜻한 햇볕과도 같아서 맛에 영향을 주지 않으면서 몸의 기(氣)를 잘 돌게 도와주어 면역력이 떨어지지 않도록 돕는답니다. 염증과 노화를 억제하는 데도 좋은 효능을 가지고 있습니다.

SWEET POTATO

고구마

면역력 쑥쑥! 염증으로부터 우리 몸을 보호해요

고구마는 우리에게 친근한 음식이에요. 겨울이면 길거리에서 호호 불며 먹던 뜨거운 군고구마의 추억과 함께 할머니의 옛이야기 같은 따스한 정겨움이 함께 하죠. 오래전 흉년으로 부족했던 주식을 대신하던 구황작물이었지만 어느새 길거리 간식거리로 바뀌고, 이제는 건강식으로 사람들의 주목을 받고 있어요.
고구마는 강력한 항산화 성분인 베타카로틴(비타민A)의 보고입니다. 고구마 100g에는 14,187IU의 비타민A가 들어있죠. 이 성분이 활성산소가 일으키는 세포의 변종을 막아주고 면역력을 높여 질병을 예방하며 노화로 인한 손상에 대처하는 등 수많은 건강상의 효능을 발휘합니다. 또한 단백질 대사를 도와주는 비타민 B6와 뼈 형성과 혈액을 만드는데 필요한 비타민 C가 풍부합니다. 면역계와 전반적인 건강 유지에 꼭 필요한 비타민 D까지 풍부하죠.
다양한 종류로 개량된 고구마 중에 우리가 자주 먹는 호박고구마는 노란색이 진할수록 뼈를 튼튼하게 하는 효과가 있어요. 자색고구마는 블루베리에 버금가는 안토시아닌이 함유되어 있어서 항산화 효과가 뛰어나고 백내장 예방과 안구건조증 증세 완화에 좋다고 해요.
연구 결과 고구마를 매일 먹는 사람은 그렇지 않은 사람에 비해 폐암 발생률이 반이나 줄어든다고 해요. 이는 고구마에 풍부하게 들어있는 베타카로틴과 갈글리오사이드라는 물질이 항암효과와 연관이 있기 때문입니다. 고구마는 식이섬유가 풍부해 노폐물과 콜레스테롤을 흡착해 몸 밖으로 배출함과 동시에 잔변 제거에도 도움을 준답니다. 뿐만 아니라 고구마의 '아마이드'라는 성분이 장내 유산균 번식을 촉진하는 등 종합적으로 장에 좋은 역할을 하기 때문에 변비와 대장암 예방에 효과적이에요.

겨울이 깊어질수록 단맛도 깊어져요

해마다 10월이면 농촌에서는 가을 갈무리를 하는 손길이 바쁩니다. 요즘은 주말농장을 하는 인구가 많아서 고구마를 직접 재배해서 먹기도 하는데요, 저도 여러 해 고구마 농사를 지어 본 경험이 있답니다.

고구마는 캐는 순간부터 흙에서 나와 숨을 쉬기 시작합니다. 그러면서 열이 나기 시작하는데 고구마의 숨쉬기는 약 20일 정도 계속된다고 해요. 따라서 고구마는 수확한 후 20일이 지난 후부터 먹기 시작하는 것이 좋아요. 겨울이 깊어질수록 고구마의 맛은 더 깊어지고 점점 달아져요. 추운 겨울날 군고구마로 잘 구워서 얼음이 동동 떠 있는 동치미와 함께 먹으면 정말 꿀맛입니다.

이런 점을 주의하세요

고구마가 당뇨에 괜찮다는 말이 있는데요, 어디까지나 감자와 비교할 때 사용하는 말이에요. 고구마에도 당분이 꽤 많이 들어있는데요, 생고구마는 당지수가 그리 높지 않지만 찌거나 구우면 당지수가 높아질 수 있으니 당뇨가 있다면 고려해봐야 합니다. 또한 칼륨이 100g당 337mg 정도로 풍부해서 신장 기능이 좋지 않을 때도 주의해야 합니다.

더 오래 두고 먹으려면

고구마가 많이 생산되는 가을에 다량 주문해서 두고 먹을 때는 일단 박스에서 꺼내 하루 이틀 말린 후에 저장하세요.

고구마는 추위에 약하므로 냉장고에 두면 안 돼요. 12~15℃ 정도의 실온에 보관하세요. 박스에 보관할 때는 신문지에 고구마를 한 켜씩 번갈아 놓아 고구마끼리 서로 닿지 않도록 해야 더 오래 두고 먹을 수 있어요.

고구마 구이

recipe.

1 고구마는 0.1cm 두께로 깊게 칼집을 넣은 후 종이 호일로 윗부분만 열어두고 감싼다.
2 팬에 버터를 넣고 중간 불에서 갈색으로 고소해질 때까지 2~3분 동안 녹인 다음 꿀, 바닐라, 계피, 소금을 넣고 저어준다.
3 2의 버터 소스를 고구마 위에 뿌리고 싸 놓은 호일로 고구마를 완전히 밀봉한다.
4 200°C로 예열한 에어프라이어에 30분 정도로 구워낸 다음 잠시 식힌다.
5 접시에 구운 고구마를 올리고 호일에 남은 소스를 뿌린 뒤 약간의 견과류와 민트잎을 뿌려 완성한다.

ingredient.

고구마 중간 크기 2개,
무염 버터 6큰술,
꿀 1/3컵, 바닐라 에센스 또는 바닐라 1작은술,
계피가루 1/2작은술,
소금, 견과류,
애플민트 잎

+ 바닐라 향의 달콤하고 고소한 영양 간식

고구마 된장구이

recipe.

1 오븐이나 에어프라이어를 200°C로 예열 한다.
2 고구마를 세로로 반으로 잘라 종이 호일을 깐 오븐 팬에 올려놓고 올리브오일을 뿌린다.
3 오븐이나 에어프라이어에 30~40분 동안 굽는다.
4 달궈진 팬에 버터와 코코넛오일을 올리고 중약 불로 가열하여 양파를 넣고 노릇해질 때까지 타지 않도록 조심스럽게 볶는다. 생강을 넣고 2~3분간 더 볶다가 된장을 넣고 더 볶아준 다음 불을 끈다.
5 포크를 이용하여 고구마 표면을 몇 군데 찔러 놓고 4의 된장 소스를 바른다.
6 완성 접시에 담고 쪽파를 뿌려낸다.

ingredient.

고구마 2~3개, 올리브오일, 코코넛 오일, 버터, 잘게 다진 양파 1개 분량,
잘게 다진 생강 2작은술, 된장 1큰술, 소금,
잘게 썬 쪽파 3개 분량

+ 샐러드만 곁들이면 한 끼 식사로 충분해요

고구마 생채

recipe.

1 고구마와 비트는 깨끗이 씻어 껍질을 벗긴다.
2 필러를 이용해서 고구마를 가늘고 길게 자른다.
3 고구마와 비트에 소스를 넣고 버무려 그릇에 담고 파의 윗부분을 얇고 비스듬히 잘라 올린다.

ingredient.

황토 고구마 2개, 비트 1개, 대파 1대
*소스 : 간장 1큰술, 액젓 1작은술, 레몬즙 1큰술, 매실청 1큰술, 깨소금 1/2 큰술

+ 고구마를 수확하는 초겨울, 수분을 많이 머금고 있는 고구마로 산뜻하게 만들어 보세요

자색고구마 셰이크

recipe.

1 분량의 재료를 믹서에 넣고 곱게 갈아 낸 후 잔에 따라 완성한다.

tip. 미국 실리콘밸리에서 개발된 '소일렌트(Soylent)'가 유행이죠.
소일렌트는 우유나 물에 간단히 섞어 마실 수 있는 간편식인데요, 이왕이면 자연식품으로 더 맛있게 만들어 보세요. 고구마만 미리 삶아 놓으면 언제든 금방 만들 수 있어요.

ingredient.

삶은 자색고구마 1/2개, 바나나 1/2개, 아몬드 브리즈 1컵

+ 5분이면 뚝딱! 간편한 아침식사로 최고에요

MUSHROOM

버섯

식이섬유와 면역 체계를 활성화시켜주는 성분이 풍부해요

버섯의 90% 이상이 수분이라는 사실을 알고 계시나요? 나머지는 단백질과 무기질 등으로 칼로리가 거의 없고 맛이 좋아 많은 사람들이 즐겨 찾는 식품입니다. 마트에서 다양한 버섯들을 쉽게 만날 수 있는데요, 이러한 인기는 버섯이 품고 있는 다양하고 높은 영양성분 때문이에요. 종류마다 조금씩 다르긴 하지만 버섯류에는 아미노산, 단백질, 무기질 등 우리 몸에 중요한 영양성분이 풍부해요. 또한 강력한 항산화 성분과 면역 체계를 활성화시켜주는 성분, 식이섬유가 풍부해 노화나 암뿐만 아니라 감기 같은 바이러스 질병에도 효과가 있습니다.

더 맛있게 즐기려면!

버섯 특유의 향은 열에 약하고 휘발성이 강하므로 조리 시간이 길어지지 않도록 주의해야 해요. 버섯을 볶을 때는 기름을 조금만 넣고 재빨리 볶아주세요. 너무 오래 볶으면 버섯의 수분이 그대로 흘러나와 향과 씹는 맛이 떨어져요. 다른 재료를 충분히 볶아준 다음 마지막 단계에서 버섯을 넣고 살짝만 볶아줍니다. 버섯은 불에 구우면 가장 맛있는데요, 더 쫄깃하게 즐기고 싶다면 올리브오일을 발라 구워보세요. 버섯을 튀길 때도 가급적이면 튀김옷을 얇게 입혀 단시간에 튀겨내야 고유의 풍미를 살릴 수 있어요.

종류별 조리법과 보관하는 요령

팽이버섯 특히 오래 익히면 고유의 향과 식감이 떨어지기 때문에 가장 마지막 단계에서 불을 끄고 넣는 것이 좋습니다. 이물질을 가볍게 털어내고 그대로 냉동 보관해두면 팽이버섯의 단단한 세포벽이 팽창되어 찢어지면서 세포 속 성분이

용출되어 몸에 더욱 흡수가 잘 된답니다.

표고버섯 생표고는 찌개나 잡채, 튀김 요리에 사용하면 좋아요. 고기와 식감이 비슷해서 고기 대신 식물성 단백질을 충분히 섭취할 수 있죠. 생표고보다 영양 성분이 풍부한 건표고는 향이 더 짙고 보관도 쉬워요. 건표고는 물에 부드럽게 불려서 조림이나 비빔밥, 볶음요리에 활용하면 됩니다. 또한 표고버섯 가루는 국물의 감칠맛을 낼 때 간편하게 사용할 수 있죠. 표고버섯은 편으로 썰어서 잘 말려서 보관하면 장기 보관이 가능해요. 말리기가 번거롭다면 냉동 보관을 해 보세요. 냉동 보관할 때는 씻지 말고 갓과 기둥을 분리해서 한나절 정도 펼쳐서 겉면의 수분을 살짝 말린 다음 비닐팩에 차곡차곡 담아요. 사용할 만큼 꺼내어 가볍게 씻어서 잠시 두면 금방 녹는데 이때 요리하기 좋게 썰어 사용합니다. 버섯 기둥은 육수를 내거나 찌개나 국에 넣어 먹으면 좋습니다.

느타리버섯 밥상 위에 제일 자주 올라오는 버섯 아닐까 싶어요. 국물요리에 감칠맛을 높여주거나 살짝 데쳐 나물로 무쳐 먹으면 맛있어요. 3일 이상 두고 먹을 때에는 냉동 보관해 주세요. 먼저 끓는 물에 살짝 데쳐서 물기를 꼭 짜준 다음 1회분씩 나누어 밀봉해서 냉동합니다. 또는 소금물에 재워서 숨이 죽으면 채반에 받쳐서 물기를 뺀 다음 냉동시켜도 좋아요. 자연해동하거나 미지근한 물에 녹여서 사용하면 부드러운 식감과 풍미를 그대로 즐길 수 있습니다.

양송이버섯 식감이 부드러워 구이나 찜, 수프 요리에 활용하면 맛있어요. 양송이버섯은 금세 상하기 때문에 양이 많을 때는 냉동 보관하세요. 씻지 말고 껍질을 얇게 벗긴다는 느낌으로 손질해서 요리하기 좋게 썬 다음 일회 분씩 얇게 펴서 냉동시킵니다. 냉동한 양송이는 생으로 먹기에는 적당하지 않아요. 해동하지 말고 그대로 뜨거운 요리에 넣어 사용하세요.

들깨 드레싱의 새송이버섯 샐러드

recipe.

1 깨끗이 씻은 새송이버섯은 종이타월로 닦아 물기를 없애고 옆으로 눕힌 다음 너무 두껍지 않고 납작하게 길이대로 저며서 찬찬하게 채 썬다.
2 분량의 소스 재료를 믹서에 돌려 섞는다.
3 완성 그릇에 채 썬 새송이버섯을 가지런히 담고 만들어 놓은 들깨 소스를 뿌리고 딜로 예쁘게 장식한다.

ingredient.

새송이버섯 100g, 장식용 딜 약간

***들깨 소스** : 들깨 2큰술, 그릭 요구르트 3큰술, 들기름 1큰술, 쯔유 1작은술, 꿀 1큰술

+ 고소한 들깨를 샐러드 소스로 활용해 보세요

갈색 양송이 스터프

recipe.

1 오븐이나 에어프라이어를 180°C로 예열한다.
2 버섯의 기둥을 잘라내어 기둥만 잘게 다진다. 버섯 갓은 따로 둔다.
3 달군 팬에 올리브오일을 두르고 다진 버섯과 마늘, 소금, 후추를 넣고 재빨리 볶은 다음 불을 끈다. 이때 마늘이 타지 않도록 주의한다.
4 넉넉한 볼에 볶아 놓은 버섯 기둥, 크림치즈, 빵가루, 파마산 치즈가루 분량의 반, 파슬리, 소금, 후추를 골고루 섞는다.
5 쿠킹 팬 위에 종이 호일을 깔고 버섯 갓을 거꾸로 간격을 두고 놓고 각 버섯 위에 4의 크림치즈 혼합물을 넉넉히 올린다.
6 파마산 치즈가루를 뿌려서 20분 동안 굽고 완성 접시에 파슬리 가루를 뿌려 완성한다.

+ 간단하게 매력적인 핑거 푸드 완성! 안주나 파티 요리로 좋아요

ingredient.

양송이버섯 15개, 올리브오일 1큰술, 다진 마늘 2큰술, 소금 ½큰술, 후추 1/2큰술, 장식용 신선한 파슬리
*소스 : 크림치즈 225g, 빵가루 30g, 파마산 치즈가루 1/2컵, 다진 파슬리 2큰술, 소금 1작은술, 후추 1작은술

버섯 된장 소스 덮밥

recipe.

1 깨끗이 손질한 노루궁뎅이버섯은 한입 크기로 떼어 놓고, 황금송이버섯은 잘게 찢는다. 표고버섯은 밑둥을 떼고 얇게 썬다.
2 연두부는 한입 크기로 썬다.
3 양파는 얇게 채 썰고, 대파와 풋고추는 잘게 썬다.
4 고기는 분량의 양념에 재워둔다.
5 된장 소스 재료인 고추기름과 집된장, 굴소스, 물, 청주를 잘 섞어 놓고 차가운 물과 녹말가루를 2:1로 섞어 녹말 물을 따로 만들어 놓는다.
6 달군 팬에 올리브오일을 두르고 양파를 볶다가 대파와 고추를 넣어 볶는다.
7 6에 쇠고기와 청주를 약간 넣어 볶고, 섞어 놓은 양념장과 연두부, 버섯을 넣어 한소끔 끓으면 녹말 물을 넣어 걸쭉하게 끓인 다음 불을 끄고 참기름을 넣는다.
8 밥 위에 7을 올려낸다.

+쫄깃한 버섯과 구수한 된장의 조화!
우리 입맛에 딱 맞아요

ingredient. 2인분

노루궁뎅이버섯 50g, 황금송이버섯 50g, 표고버섯 2장, 연두부 1팩, 양파 1/3개, 다진 쇠고기 1/2컵, 밥 2공기, 대파 흰 부분 1/2대, 풋고추 1개, 올리브오일, 청주 ***고기 양념** : 다진 마늘 1작은술, 다진 생강 1/2작은술, 꿀 1작은술, 소금, 후추 ***된장 소스** : 고추기름 1큰술, 집된장 1큰술, 굴소스 1/2작은술, 물 1과 1/2컵, 청주 1큰술, 녹말 물 1큰술, 참기름 1/2큰술

\+ 면역력 쑥쑥 키워주는 향긋한
별미 영양밥!

버섯 솥밥

ingredient.

4인분

느타리버섯 100g,
생표고버섯 2개,
씻어놓은 쌀 4인분,
고구마 80g, 당근 50g,
쯔유 2큰술,
참기름 1큰술

recipe.

1 느타리버섯은 밑동을 잘라내고 한 개씩 분리한다. 생표고버섯은 밑동을 잘라내고 버섯 갓을 잘게 썬다.
2 고구마는 표면을 잘 씻어 1cm의 두께로 둥글게 썬 다음, 주사위 모양으로 깍둑썰기 한다.
3 당근은 껍질을 벗기고 잘게 채 썬다.
4 냄비에 불린 쌀을 붓고 쯔유 2큰술을 넣어 잘 섞는다. 쌀 위에 썰어 놓은 재료를 올리고 중간 불로 끓인다.
5 물이 끓기 시작하여 냄비뚜껑에서 김이 나면 약한 불로 줄이고 뚜껑을 잘 닫고 15분간 더 끓인다.
6 불을 끄고 뚜껑을 닫은 상태에서 15분간 뜸을 들인 뒤 뚜껑을 열고 참기름을 넣어 나무주걱으로 고루 뒤집어 섞는다.
7 4개의 그릇에 나누어 담아 따끈할 때 먹는다.

CARROT

당근

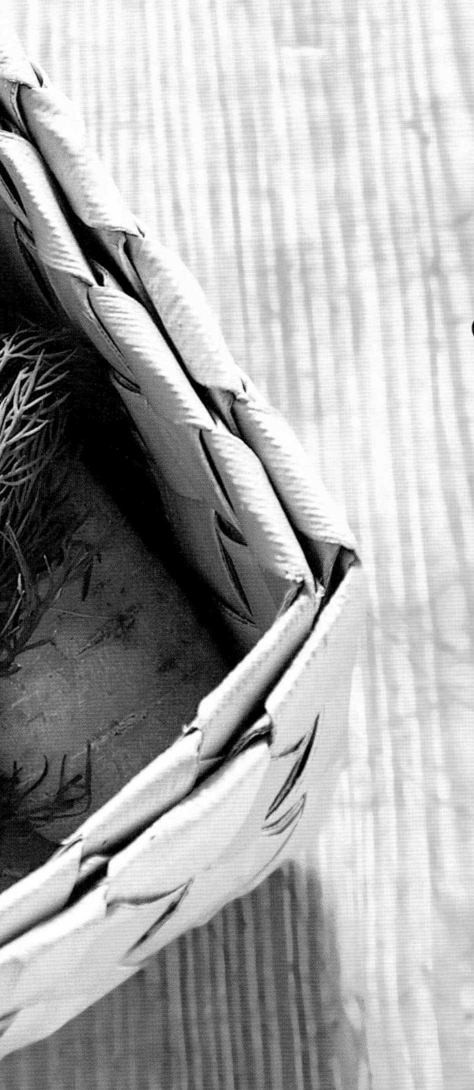

베타카로틴이 풍부한 노화 예방 채소

빛깔이 고와서 자주 사용되는 당근은 장식 효과뿐 아니라 영양가도 뛰어나죠. 우리에게 친근한 채소 당근은 항산화 성분과 각종 비타민, 미네랄 등이 풍부한 영양 덩어리에요. 게다가 칼로리가 100g당 33Kcal로 매우 적은 편이니 현대인의 밥상에 부지런히 올려야 할 채소입니다.

지금까지 밝혀진 천연의 항산화제를 살펴보면, 알파 토코페롤, 비타민 C, 카로티노이드, 플라보노이드 등 여러 종류가 있습니다. 당근에는 이중 가장 유명한 카로티노이드, 즉 카로틴이 듬뿍 들어 있기에 노화 예방에 좋은 채소라고 할 수 있죠.

당근의 주황색 색소, 베타카로틴은 우리 몸에 들어와 비타민 A가 됩니다. 비타민 A는 눈의 망막에 꼭 필요한 영양소로서 부족하면 밤에 물체의 식별이 곤란해질 수 있어요. 그래서 눈에 당근이 좋다고 많이 알고 있죠.

그런데 베타카로틴의 활약은 여기서 그치는 게 아니에요. 피부의 건강과 뼈의 힘, 우리 몸의 면역체계가 제대로 기능하도록 도와준답니다. 또한 흡연이나 스트레스 등으로부터 신체를 보호해 주죠. 더 놀라운 것은 폐암, 구강암, 유방암을 예방해 준다는 거예요. 당근을 꾸준히 드시면 위장과 장 점막을 보호하며 재생시켜주기 때문에 위와 장 건강을 유지하는 데도 도움을 준다고 해요.

당뇨환자는 주의하세요

비타민 A는 일단 몸에 흡수되면 수용성 비타민(B, C)보다 체내에 오래 머물기 때문에 극단적인 부족 현상이 아니라면 지나친 섭취는 오히려 주의해야 합니다. 매일 1/2개 정도의 당근을 먹으면 건강에 많은 도움이 된다고 해요.
당근은 GI(glycemic index)가 수박이나 크루아상보다도 높아요. 따라서 당뇨를 앓고 있는 환자는 주의해야 합니다.

더 건강하고 맛있게 먹는 법

베타카로틴이 풍부한 당근, 어떻게 먹는 것이 좋을까요? 생으로 먹는 것보다는 데쳐서, 데치는 것보다는 기름에 볶거나 오일 드레싱을 끼얹어 먹는 것이 흡수를 높여줍니다. 베타카로틴은 기름에 녹는 성분이기 때문이에요. 기름기를 머금은 당근은 감칠맛도 더해져 더 맛있게 먹을 수 있죠.
당근을 주스로 먹으면 식이섬유가 제거되어 카로틴의 흡수율이 높아지는데요, 단 당근에 들어있는 아스코르비나아제가 비타민 C를 파괴하는 효소이기 때문에 레몬즙이나 식초를 조금 넣어서 이를 방지하는 것이 좋아요. 또는 산화효소가 열에 약하기 때문에 익혀서 사용하면 아무런 문제가 없어요.
당근은 색이 진할수록 카로틴 함유량이 높아요. 특히 껍질 부분에 카로틴이 많이 들어있으니 껍질은 가능한 얇게 벗기는 것이 좋아요. 껍질에 가까운 부분은 부드럽고 단맛이 강하니까 생으로 먹기 좋고 가운데 심 근처 부위는 단단하므로 푹 익히는 요리에 적당해요.
당근은 반찬으로 만들어 저장해두어도 맛과 영양의 변화가 거의 없어요. 오히려 만든 후 시간을 좀 두면 간이 배어 더 맛있게 먹을 수 있답니다.

당근 해독주스

recipe.

1 당근, 사과, 자몽, 양파, 생강즙을 모두 믹서기에 넣고 곱게 간다.
2 잔에 부어 완성한다.

ingredient.

잘게 토막 낸 당근 1컵, 사과 썬 것 1/2컵, 자몽 1/4개, 양파 1조각, 생강즙 1작은술

+ 매일 아침 맛있는 건강주스를 만들어 드세요

당근 샐러드

recipe.

1 당근은 껍질을 벗기고 필러를 사용하여 얇은 리본처럼 길게 자른다.
2 당근에 소금물을 뿌린 후 10분 정도 지나 약간 부드러워지면 물기를 뺀다.
3 물기를 빼 둔 오징어는 한입 크기로 잘라서 코코넛 오일을 두른 팬에 구워 낸다.
4 청경채는 긴 조각으로 잘라 기름 두른 팬에 살짝 볶아낸다.
5 현미 식초, 올리브오일, 유자청, 참기름, 간장, 생강즙, 참깨를 한데 섞는다.
6 그릇에 당근과 청경채, 구운 오징어를 보기 좋게 담고 소스를 뿌려낸다.

tip. 펜넬을 얇게 썰어서 곁들여도 잘 어울려요

ingredient. 4인분

당근 2개, 소금 1/2작은술, 청경채 4개 (약 250g) ***소스** : 현미 식초 3큰술, 올리브오일 2큰술, 참기름 2큰술, 우리 간장 1큰술, 다진 생강즙 1큰술, 볶은 참깨 1큰술, 유자청 1큰술 ***오징어 구이** : 오징어 1/2마리, 코코넛오일

+ 구운 오징어로 감칠맛을 높여줘요

당근 전

recipe.

1 당근을 얇게 채썬다.
2 소금, 후추로 간을 한 후 바락바락 주물러서 간이 배도록 한다.
3 녹말가루를 고루 뿌린다.
4 팬을 달구어 기름을 두르고 반죽한 당근채를 올려 노릇하게 부쳐낸다.
5 익은 당근 전은 채반에 올려서 한 김 식힌 후에 접시에 담아낸다.

ingredient.

당근 1개, 녹말가루 3큰술, 소금, 후추, 올리브오일이나 목초 방목 버터

+ 당근의 베타카로틴 흡수를 최적화 시킨 전, 편식하는 아이들도 잘 먹어요

ingredient. 1인분
통밀 식빵 2장,
달걀 1개,
크림치즈 1큰술,
토마토 1개 ,
로메인 상추 5장,
올리브오일
***당근 라페 :**
당근 2개,
이탈리안 파슬리 20g,
레몬즙 2큰술,
홀 머스터드 2큰술,
올리브오일 5큰술,
화이트와인 비네거
3큰술, 소금

당근 라페 샌드위치

recipe.

1 당근을 채칼로 곱게 채 썰어서 분량의 재료를 넣고 섞는다.
2 1을 병에 꾹꾹 눌러 담고 냉장고에서 3일간 숙성시킨다.
3 달군 팬에 식빵을 살짝 구워서 꺼낸 후에 올리브오일을 두르고 달걀을 프라이 한다.
4 식빵 한쪽에 크림치즈를 바르고 로메인 상추를 겹겹이 올려 준 다음 얇게 슬라이스한 토마토를 올린다.
5 4 위에 달걀을 올린 다음 당근 라페를 듬뿍 얹고 식빵으로 덮어준다. 재료가 흐트러지지 않도록 종이 호일로 감싸서 반으로 잘라 낸다.

+ 당근 라페를 미리 만들어 두면 간단하게 영양 샌드위치를 만들 수 있어요

BEANS

콩류

현대인의 건강지킴이 완전식품

콩은 우리의 밥상에서 빠질 수 없는 소중한 건강 식재료에요. 서구화된 식생활로 식단이 서서히 바뀌어 가고 있지만, 콩으로 만든 간장과 된장을 빼놓을 수는 없죠. 여름에 즐겨 먹는 콩국수는 또 어떤가요. 땀과 더위로 결핍되기 쉬운 영양소들을 보충할 수 있는 음식으로 그 시원하고 고소한 콩물 맛은 여름마다 떠올리게 되는 별미입니다.

이처럼 콩이 우리의 식단에서 다양한 형태로 함께 해 왔던 것은 콩에 들어있는 단백질 때문인데요, 콩에 들어있는 단백질은 동물성과 달리 소화과정에서 독소가 발생하지 않고 혈압을 낮춰 고혈압 예방에 도움을 줍니다. 풍부한 식이섬유로 다이어트에 좋고 엽산, 칼륨 등도 풍부해요

콩은 다양한 가공법으로 우리네 밥상 깊숙이 자리하게 되었는데요. 특히 콩을 발효시켜 만든 된장과 청국장은 한국인의 건강식품으로 손꼽힙니다. 오랜 숙성기간이 필요한 된장과 달리 며칠이면 완성되는 '청국장(일명 담뿍장)'은 메주콩을 쑤어 2~3일간 따뜻하게 보온하면 납두균이 번식하여 향기를 가진 끈끈한 실을 만들어 내요. 요즘은 가정용 발효기가 있어서 적정온도를 맞춰 주기 때문에 청국장을 만들기가 한결 쉬워졌어요. 일본에는 우리의 청국장과 비슷한 '낫토'가 있죠. 뜨거운 쌀밥에 낫토를 올리고 날달걀을 풀어서 간장에 비벼 먹는데, 구운 김에 싸 먹기도 해요.

콩을 가공한 식품으로 두부를 빼놓을 수 없어요. 두부는 단백질과 필수지방산이 풍부한 영양만점 식품이죠. 두부의 원료인 콩은 소화율이 낮아 유용한 영양소를 충분히 흡수할 수 없는 반면에 두부로 만들면 소화율이 높아지고 칼슘의 함유량이 늘어나므로 더욱 균형 잡힌 식품이 됩니다.

종류별 콩의 효능

검은콩 표면이 검고 속은 노란 검은콩은 여성암과 탈모 예방에 특히 효과적이라고 해요. 검은색 껍질에 들어있는 안토시아닌 색소가 유해한 활성산소를 없애주는 항산화 성분으로 노화 예방에 도움을 줍니다.

완두콩 콩류 중 식이섬유가 가장 많이 들어있어요. 장 속 유산균의 증식을 도와 변비를 개선하고 포만감을 높여 다이어트 식품으로 좋아요. 열을 가하면 단맛이 강해지고, 몸에 흡수되는 속도가 느려 혈당 수치를 낮추는 효과가 있어요. 다만 완두에는 소량의 청산이 들어있으니 하루 40g 이상은 섭취하지 않도록 주의해야 해요.

렌틸콩 여성 건강에 필수적인 엽산과 철분 성분이 풍부해요. 식물성 에스트로겐을 함유하고 있어 갱년기 증상 완화에도 도움을 줘요.

병아리콩 칼슘이 우유보다 6배나 풍부해 성장발육과 골다공증 예방에 좋아요. 병아리콩은 콩 특유의 비린내가 적고 밤이나 땅콩과 비슷한 단맛과 고소한 맛이 납니다. 콩을 싫어하는 사람들도 거부감 없이 먹을 수 있다는 장점이 있어요.
크기가 작고 색이 짙을수록 식이섬유와 항산화 성분이 많이 들어 있답니다.

+ 해독작용이 뛰어난 처방으로 혈액순환을 돕고 노화 예방에도 좋아요

동의보감 약콩차

recipe.

1 검은콩과 감초를 잘 씻어서 물기를 말린 후에 마른 팬에 넣고 약한 불에서 10분 동안 각각 덖는다.
2 덖어 놓은 검은콩 10g, 감초 10g에 물 1리터를 넣고 중간 불에서 10분 동안 끓인다.
3 한 김 식힌 후 하루 3~4번에 나누어서 마신다.

tip. 검은 콩에는 사포닌 함량이 많아 숙취, 기침, 목 부은 증상에 효과가 있어요. 한의학의 대표적인 처방으로 오래 복용한 약의 독을 풀고, 소변을 잘 나오게 하며 눈을 맑게 하고, 종기와 부종을 제거하는 데도 도움을 준답니다.

ingredient.

검은콩 10g, 감초 10g, 물 1리터

렌틸콩 연어 샐러드

recipe.

1 렌틸콩을 깨끗이 씻어 하룻밤 불린다.
2 당근과 셀러리, 양파는 깨끗하게 씻어서 잘게 썬다.
3 달군 팬에 오일을 두르고 다진 양파를 넣고 볶다가 갈색이 돌면 월계수잎과 오레가노를 넣고 볶는다.
4 3에 당근을 넣고 볶다가 셀러리를 넣고 볶는다.
5 잘 익으면 화이트 와인을 넣고 끓이다가 알코올이 어느 정도 날아가면 채수를 추가하여 끓인다.
6 5에 불려둔 렌틸콩을 넣고 국물이 자작해질 때까지 푹 익힌다.
7 아보카도는 얇게 슬라이스 한다.
8 달군 팬에 올리브오일을 두르고 연어를 올려 튀기듯 구워 낸다.
9 완성 접시에 렌틸콩을 담고 아보카도를 가지런히 올린 다음 구운 연어를 올려 완성한다.

+ 렌틸콩과 연어가 잘 어울리는 한 접시 요리, 맛있고 영양도 풍부해요

ingredient. 4인분

렌틸콩 200g, 아보카도 2개, 연어 400g ***렌틸콩 삶는 국물** : 채수 2컵, 당근 2개, 셀러리 2줄기, 다진 양파 중간 크기 2개, 다진 마늘 4쪽, 월계수 잎 2장, 오레가노 2작은술, 올리브오일 2큰술, 소금, 후추, 화이트 와인 1/2컵

완두콩 새우 리조또

recipe.

1 쌀은 깨끗이 씻어서 물에 30분간 불려서 체에 건져 물기를 빼 둔다.
2 끓는 물에 완두콩과 소금을 약간 넣고 5분간 삶아 낸다.
3 달군 팬에 버터와 올리브오일을 넣고 버터가 녹으면 마늘과 양파를 넣고 볶다가 새우를 넣고 볶는다.
4 3에 불린 쌀을 넣고 볶다가 쌀알이 투명해지면 화이트 와인을 넣고 센 불에서 저어가며 알코올을 날려 준다. 채수를 한 국자씩 천천히 떠 넣고 수분이 없어질 때까지 저어가면서 20분간 볶아준다.
5 쌀알이 익으면 우유를 넣고 한소끔 끓이다가 파마산 치즈가루와 삶은 완두콩을 넣고 소금, 후추로 간을 한다.
6 완성 접시에 담고 다진 파슬리 잎을 보기 좋게 뿌려낸다

tip. 쌀은 우리나라 밥처럼 푹 퍼지게 익히지 않고 쌀의 속이 살짝 딱딱하게 씹힐 정도로만 익혀주면 재미있는 식감을 즐길 수 있어요. 가루 형태로 가공된 파마산 치즈가루도 좋지만 좀 더 풍부한 맛을 원한다면 덩어리 파마산 치즈를 치즈 그레이터에 갈아 충분히 뿌리세요.

+크림 없이도 크리미하고
고소한 맛이 남달라요

ingredient. 2인분

쌀 100g, 새우살 250g, 완두콩 1/2컵, 다진 마늘 1쪽, 다진 양파 1/3개, 버터 10g, 올리브오일 1큰술, 화이트와인 1/4컵, 채수 2컵, 우유 1/2컵, 파마산 치즈가루 1큰술, 소금, 후추, 다진 파슬리 조금

베이크드 빈스

recipe.

1 흰 강낭콩은 6시간 물에 담가 불린다.

2 냄비에 불린 콩과 물을 넣고 한소끔 끓인다.

3 케첩, 다진 마늘, 소금·후추 약간씩을 넣고 끓인다.

4 자작하게 졸여 완성한다.

tip. 흰 강낭콩이 아니라도 좋아요. 병아리콩 등 어떤 콩으로 해도 무난하게 맛을 낼 수 있어요.

ingredient.

흰 강낭콩 200g, 다진 마늘 1/2큰술, 케첩 4큰술, 소금, 후추

+ 집에 있는 콩으로 쉽게 만들어서 토스트나 스크램블드에그에 곁들여 보세요

ASPARAGUS

아스파라거스

피로회복과 자양강장에 좋은'채소의 왕'

아스파라거스는 비싼 몸값을 자랑하기에 쉽게 손이 가는 채소는 아니에요. 하지만 그 값을 톡톡히 치를 만큼 영양성분이 굉장히 풍부하죠. 서양에서 오래전부터 채소의 왕이라고 불린 이유랍니다. 1970년대 후반부터 우리나라에서 재배되기 시작했고 서양 음식이 널리 보급되면서 우리 식탁에도 종종 오르고 있는 아스파라거스. 얼마나 좋은 채소인지 알아볼까요?

첫째, 아스파라거스는 피로회복과 자양강장에 효과가 좋은 아스파라긴산이 콩나물의 50배에 이를 정도로 많이 들어있어요. 그러니 주당들의 숙취해소에 정말 좋겠죠? 이 아스파라긴산은 봉오리 형태의 윗부분에 특히 많이 들어있어요. 피로물질이 쌓이는 것을 막아주는 비타민 B_1과 B_2까지 풍부하니 천연의 피로회복제라고 할 수 있겠네요. 둘째, 호르몬 분비를 왕성하게 하기 때문에 정력에 좋다고 해요. 중세 유럽 수도원에서 신부와 수녀에게 금지된 채소였다고 하니 그 효능을 더 논할 필요가 없을 것 같아요. 셋째, 혈관을 강화하는 루틴 성분과 혈압을 조절하는 엽산 성분이 풍부해 고혈압 예방에도 도움을 줍니다. 루틴 성분은 수용성 성분이니까 데친 물을 버리지 말고 요리에 활용하세요. 이외에 비타민 C, 항산화 물질인 글루타치온 등 다양한 성분이 들어있어요. 아스파라거스의 칼로리는 100g당 12kcal입니다.

고르는 법과 손질하는 요령

봉우리는 단단하고 끝이 모여 있으며, 줄기는 연한 것을 고르세요. 초록색이 선명한 것일수록 신선하고, 자른 단면이 말라 있거나, 아래쪽이 딱딱해져 있다면 신선도가 떨어지는 것이니 피하는 것이 좋아요.
연하고 어린 아스파라거스는 그대로 조리해도 되지만, 굵은 아스파라거스는 줄기 아랫부분의 질긴 껍질을 벗겨서 손질합니다. 데친 아스파라거스를 찬물에 담그면 영양성분이 손실되므로 얼음 물에 살짝만 헹궈서 식혀주세요. 이렇게 하면 탄력 있고 아삭한 식감을 즐길 수 있답니다.

보관 요령과 활용법

수분이 증발하지 않도록 물을 적신 종이 타월로 감싸서 비닐 팩이나 봉지에 담아 김치냉장고나 냉장고 아래쪽 채소 칸에 보관합니다. 아스파라거스 밑동 끝을 조금 자른 후 그릇에 3cm 정도의 물을 붓고 밑동 부분을 담가서 보관하는 것도 하나의 방법입니다.
아스파라거스는 간단한 조리법으로도 맛있게 즐길 수 있는 채소에요. 모양새도 예뻐서 각종 요리의 가니시로 훌륭하죠. 볶음밥, 파스타 그리고 수프나 피클 등의 재료로 좋습니다. 형태감이 있기 때문에 베이컨말이 구이나 샐러드나 꼬치구이 등에도 잘 어울려요. 특히 스테이크에 자주 곁들여지는데요, 아스파라거스에 들어있는 다양한 비타민과 무기질, 식이섬유가 육류의 부족한 면을 채워주기 때문이에요.

+ 생생한 색감과 우아한 맛을 즐겨요

tip. 부추는 색을 내기 위한 재료예요. 시금치로 대신해도 괜찮아요.

아스파라거스 수프

recipe.

1 아스파라거스는 손질하여 잘라 둔다. 이때 장식용으로 몇 개는 따로 둔다.
2 중간 불에 수프 냄비를 올린 다음 버터와 올리브오일을 두르고, 부추를 얇게 썰어 소금과 후추를 넣고 부추가 부드러워질 때까지 볶는다.
3 2에 마늘을 넣고 마늘이 향이 나도록 볶다가, 깍둑썰기 한 감자를 넣고 섞으며 볶는다.
4 육수를 넣고 센 불로 끓이다가 불을 줄이고 뚜껑을 덮어 감자가 부드러워질 때까지 끓인다.
5 아스파라거스를 넣고 10분 동안 더 끓여서 아스파라거스가 살짝 부드러워지도록 끓이고 너무 익지 않도록 주의한다.
6 5에 레몬즙을 넣고 핸드믹서로 완전히 부드러워질 때까지 간다.
7 아스파라거스 수프를 그릇에 담고 사워크림을 올린 뒤 살짝 데친 아스파라거스를 고명으로 올린다.

ingredient.

아스파라거스 10개,
손질하여 깍둑썰기 한 감자 2개 분량,
부추 5줄기,
채수 또는 닭 육수 6컵,
무염 버터 3큰술,
올리브오일 3큰술,
다진 마늘 4쪽 분량,
레몬즙 1큰술, 소금,
흰 후추 1작은술,
사워크림 1큰술

아스파라거스 고기 말이

recipe.

1 아스파라거스는 깨끗이 씻어 큰 볼에 담고, 끓는 물을 부어 30초 둔 뒤 꺼내어 차가운 물에 헹군다.
2 쇠고기는 양념하여 10분간 재워둔다.
3 물기를 닦아 낸 아스파라거스에 양념한 고기를 돌돌 말아 밀가루를 솔솔 뿌린다.
4 달군 팬에 고기를 말아 놓은 아스파라거스를 굴려가며 고루 익힌다.
5 완성 접시에 담아낸다.

ingredient.

아스파라거스 8개, 쇠고기 불고기감 8쪽, 밀가루 1큰술, 소금

***고기 양념** : 우리 간장 1 큰술, 맛술 1 큰술, 다진 마늘 1작은술, 참기름 1작은술, 꿀 1작은술, 검은깨, 후추

+ 맛과 영양의 밸런스가 잘 맞는 건강식이에요

지중해식 구운 아스파라거스 샐러드

recipe.

1 달군 팬에 올리브오일을 두르고 아스파라거스를 올려 부드러워질 때까지 굽는다.
2 달군 팬에 올리브오일 2큰술을 두른 다음 할루미 치즈를 넣고 중간 불로 치즈 겉면이 노릇해지도록 구워 낸다.
3 식초와 엑스트라 버진 올리브오일, 꿀, 마늘, 소금, 후추를 섞어 소스를 만든다.
4 방울토마토와 구운 할루미, 시금치 잎, 구운 아스파라거스를 그릇에 담고 소스를 뿌린다.
5 마지막으로 바질 잎을 올려 완성한다.

ingredient.

아스파라거스, 시금치 잎 1컵, 소금, 엑스트라 버진 올리브오일, 할루미 치즈,
반으로 자른 방울토마토 400g 분량, 바질잎 15장
*소스: 화이트 와인 식초 1/4 컵, 엑스트라 버진 올리브오일 1/4 컵, 꿀 1/4컵, 다진 마늘 1쪽 분량, 소금, 후추

+치즈 대신 스테이크용 고기나 생선을 올려도 좋아요

+ 샐러드나 샌드위치 속,
브루스케타에 활용해 보세요

아스파라거스 피클

ingredient.

아스파라거스 20개,
굵은 소금 1큰술,
레몬 1/2개
배합 초 : 물 2컵,
식초 1컵, 유기농 설탕 1컵, 소금 1큰술,
피클링 스파이스 1큰술,
생강 1/2쪽,
마른 고추 2개,
월계수 잎 1~2장

recipe.

1 아스파라거스는 뿌리 쪽 단단한 부분을 잘라내고 굵은 소금을 뿌려 30분 정도 절인다.
2 1을 흐르는 물에 헹궈 물기를 빼 둔다.
3 배합 초 재료를 냄비에 붓고 끓기 시작하면 중간 불로 줄여 5분 더 끓인다.
4 불을 끈 다음 레몬즙을 넣는다.
5 소독한 유리병에 아스파라거스를 담고 배합 초를 붓고 식힌 후에 냉장 보관한다.

tip. 아스파라거스를 피클로 만들면 섬유질이 한결 부드러워지면서 식감도 좋아서 더욱 맛있게 즐길 수 있답니다. 허브와 향신료는 피클 맛을 한 층 더 올려 줘요. 여러 가지 향신료가 배합되어 있는 피클링 스파이스가 없다면 월계수 잎만이라도 꼭 넣어서 맛있는 피클을 만드세요.

OCTOPUS

문어

피를 맑게 하고 기력을 보충해 주는 바다의 보약

문어는 지방과 열량이 적고 단백질이 풍부해 다이어트 식품으로 좋아요. 타우린이 풍부해 간의 해독작용을 도와주기 때문에 꾸준히 섭취하면 피로회복을 돕고 기력을 보충해 주죠. 혈중 콜레스테롤 수치를 효과적으로 억제하여 동맥경화, 심장마비를 예방합니다. 비타민 E와 나이아신이 풍부해 노화 예방에도 좋은 문어는 DHA, EPA 등 두뇌개발에 좋은 성분도 풍부해서 수험생에게 좋고 치매예방에도 도움이 됩니다.

우리나라에서 주로 먹는 문어는 대문어와 참문어로 구분되는데요, 대문어를 말리면 색이 붉게 변한다고 해서 피문어라고 해요. 대문어는 주로 동해안에서 잡히는 문어로, 참문어에 비해서 좀 더 붉은색이 나면서 크기가 크고 다리 길이가 길며 몸통의 세로무늬가 특징이에요. 큰 것은 50kg까지도 성장합니다. 대문어는 살이 부드럽고 연해서 살짝 쪄서 숙회로 먹기에 좋아요. 크기가 큰 만큼 부위별로 맛이 다른데요, 다리의 두꺼운 부분은 부드럽고 끝으로 갈수록 쫄깃한 맛이 나요. 문어는 주로 삶아서 회나 조림으로 조리하거나 말려서 먹는데, 말린 대문어인 '피문어'는 예부터 피를 맑게 해주고 출혈을 멈추게 해 준다고 하여 산모에게 많이 먹여 왔어요.

참문어는 크기가 작고 남해안이나 제주도 인근에서 주로 나며 바위 사이에서 서식하기 때문에 돌문어라고 불리고 있어요. 색은 약간 노란빛이 도는 회갈색으로 삶아 놓으면 대문어에 비해 밝은 빛이 돌고 육질이 단단하고 쫄깃해요.

고르는 방법과 보관하는 요령

좋은 문어를 고르기 위해서는 문어의 다리를 살펴보는 것이 좋은데, 다리의 빨판이 크고 탱탱한 것이 싱싱한 상태입니다. 만약 문어의 몸에 점액이 남아있고, 쭈글쭈글 탄력이 없다면 신선하지 않다는 증거입니다.
문어를 보관할 때는 내장을 빼고 종이 타월로 잘 닦은 다음에 다리와 머리를 분리해 밀폐용기에 넣어 냉동 보관하면 되고, 장기간 보관할 때는 내장을 제거한 후에 깨끗이 손질하여 쪄서 보관하는 것이 좋아요.

더 부드럽고 맛있게 즐기려면

문어는 내장을 꺼내고 먹물과 눈, 이빨을 제거하고 밀가루와 소금을 이용해서 다리의 빨판과 몸통을 깨끗이 문질러서 세척해 줍니다. 문어를 찌거나 삶을 때는 무와 청주를 넣으면 비린 맛도 없고 부드럽게 삶아집니다.
문어는 근섬유가 여러 층으로 배열되어 있고 결합조직이 콜라겐에 의해 더욱 강화되어 물고기보다 강한 탄력을 가지고 있죠. 따라서 조리할 때는 오래 삶지 말고 적당히 익혀주어야 질겨지지 않아요. 아니면 콜라겐이 부드러워질 때까지 아주 장시간 조리해야 해요.
금방 잡은 싱싱한 문어일수록 자체적으로 짠맛이 있기에 소금 없이 참기름에만 찍어 먹어도 간이 충분해요. 냉동 자숙 문어는 완전히 해동하지 말고 칼질이 가능할 정도로만 상온에 살짝 두었다가 먹기 좋게 썰어주세요. 살짝 얼은 문어숙회 맛도 별미랍니다.

+ 문어를 무와 함께 삶으면 문어 식감이 부드러워지고 잡냄새도 없애줘요

문어 냉채

recipe.

1 냄비에 물을 붓고 무를 넣은 후 팔팔 끓으면 문어를 넣고 크기에 따라 10~20분 삶아낸다.
2 오이와 배는 편 썰어 준비하고 아스파라거스는 끓는 물을 부어 데쳐서 찬물에 식혀 잘라 둔다.
3 문어 다리의 안쪽 질긴 껍질은 제거하고 얇게 썰어 준비한다.
4 볼에 소스 재료를 모두 넣고 섞는다.
5 완성 접시에 준비한 재료를 보기 좋게 담고 소스를 뿌려 완성한다.

ingredient.

문어 400g, 오이 400g, 배 1/2개, 아스파라거스 1개, 무 3조각
***마늘소스** : 마늘 다진 것 2큰술, 매실청 2큰술, 레몬즙 1큰술, 레몬 제스트 조금, 식초 2큰술, 소금

문어 쪽파 된장소스

recipe.

1 문어는 먹기 좋은 크기로 얇게 썬다.
2 데친 쪽파는 한입 크기로 돌돌 말아 둔다.
3 배와 오이는 채 썬다.
4 소스 재료를 볼에 넣고 잘 섞는다.
5 완성접시에 배와 오이를 깔고 문어와 쪽파를 번갈아 올려 담고 소스를 뿌려 완성한다.

ingredient.

삶은 문어 200g, 데친 쪽파 1/3단 분량, 배 1/4개, 오이 1/2개
*소스 : 된장 1큰술, 다시마 물 2큰술, 설탕 1/2큰술, 식초 2/3큰술, 생강즙 1작은술, 다진 쪽파 2줄기 분량, 맛술 1작은술, 통깨 약간

+ 쫄깃한 문어와 향긋한 쪽파가 잘 어울리는 요리에요. 술안주로도 좋아요.

문어 카르파초

recipe.

1 접시에 샐러드용 채소를 깔고 얇게 썰은 문어숙회를 보기 좋게 놓는다.
2 자몽은 속껍질을 제거해 반으로 자르고, 래디시는 얇게 슬라이스 한다.
3 어린 루꼴라와 자몽, 래디시, 청포도를 문어 사이사이에 고루 놓는다.
4 딜을 보기 좋게 장식한다.
5 완성 접시에 드레싱을 뿌려 완성한다.

ingredient. 2인분

문어숙회 200g, 자몽 1/4개, 래디시 2개, 청포도 5알, 샐러드용 채소 적당량, 어린 루꼴라 30g, 딜 3줄기

*드레싱 : 올리브오일 2큰술, 디종 머스터드 1작은술, 매실청 1/2작은술, 레몬즙 1큰술, 소금, 후추

+ 입맛이 없을 때 생각나는 산뜻한 요리, 에피타이저로도 좋아요

+ 상큼한 레몬 향과
쫀득한 문어의 식감!
혈액순환을 도와줘요

지중해식 문어 샐러드

ingredient.

문어 다리 200g,
레몬 1개, 당근 1개,
샬롯 6개,
방울양배추 5개,
줄기 케이퍼 6개, 충분히
삶은 렌틸콩 3큰술,
이탈리안 파슬리 약간,
버터 30g
*소스 : 올리브오일
3큰술, 화이트와인
비네거 1큰술,
레몬즙 1/2개 분량,
꿀 1큰술, 소금, 후추

recipe.

1 문어는 굵은 소금과 밀가루로 주물러 씻은 뒤 먹물과 내장을 제거하고 팔팔 끓는 물에 넣어 약 10~15분간 삶아 다리만 썰어 준비한다.
2 레몬은 3등분으로 굵게 통으로 썰고 당근은 손가락 두 마디 길이로 굵게 자른다.
3 샬롯은 껍질을 벗긴 뒤 준비하고 렌틸콩은 삶아 둔다.
4 달군 팬에 버터를 넣고 손질한 레몬, 당근, 샬롯, 방울양배추를 넣어 볶아 꺼낸다.
5 4의 팬에 버터를 넣고 센 불에서 문어를 살짝 구운 후 식힌다.
6 볼에 드레싱 재료를 모두 넣고 섞는다.
7 완성 그릇에 구운 문어와 채소를 보기 좋게 담고 렌틸콩과 케이퍼를 올린다. 이탈리안 파슬리로 장식하고 드레싱을 뿌려 완성한다.

GARLIC

마늘

성인병과 암을 예방해 주는 한국인의 힘

마늘은 그 어떤 것으로도 대체 불가능한 우리의 천연조미료에요. 온갖 반찬의 필수 양념으로 들어가는 마늘은 타임지가 선정한 10대 슈퍼푸드에 당당히 이름을 올렸을 만큼 무한한 매력을 자랑합니다. 강한 향을 제외하면 100가지가 이롭다는 말까지 있는데요, 과연 현대 과학은 마늘의 힘을 어디까지 밝혀냈을까요?

많은 연구 결과 마늘의 주요 성분인 알리신, 유기성 게르마늄, 셀레늄 등은 암을 억제하고 예방하는데 탁월하다고 보고하고 있어요. 미국 국립암센터는 마늘을 항암 식품 최상위 1군에 분류하고 있죠. 마늘의 알리신은 항균 작용도 하는데요, 항생제인 페니실린이나 테라마이신보다 강력하다고 하니 놀랍죠?

마늘의 황화합물, 페놀성 물질, 비타민 C 등은 혈관 내 지방합성을 감소시키고 혈전을 녹여 혈액순환을 원활하게 만들어 줍니다. 또 칼륨이 나트륨을 배출해서 고혈압 등 혈관질환에도 도움이 됩니다.

화학 분야 최고의 학술지'앙게반테 케미'에 따르면 마늘의 활성산소 제거 속도가 굉장히 빠르다고 해요. 이처럼 마늘의 다양한 효능이 과학적으로 입증되면서 미국과 유럽에서는 다양한 건강 기능성 식품으로 만들어지고 있습니다.

우리나라에서는 일동제약의 '아로나민' 원료로 쓰이고 있죠. 최근에는 나노식품 기술로 분말화 하거나 기름으로도 만들어진다고 하니 앞으로 생활 속에서 우리의 마늘을 더 편리하게 활용할 수 있기를 기대해봅니다.

마늘의 종류와 활용하는 방법

마늘은 크게 난지형과 한지형으로 나뉘어요. 따듯한 곳에서 잘 자라는 난지형은 5월 초에 수확하는 조생종으로 쪽이 크고 가격이 저렴한 것이 장점이죠. 장아찌를 담글 때 이 마늘을 이용해요. 추운 곳에서 잘 자라는 한지형은 6월 중하순에 수확하는 만생종이에요. 향이 강하면서 맛은 부드러운 것이 특징으로 보관성이 좋습니다. 한지형 중에 서산과 의성, 음성 지역의 6쪽 마늘이 품질 좋기로 유명해요.
마늘은 특유의 따듯한 기운으로 음식 섭취의 음양 조화를 맞춰주는데요, 예를 들어 찬 성질의 채소인 배추로 김치를 담글 때 따듯한 마늘을 넣어주면 균형을 이루게 되죠. 또 생선회나 육회를 먹을 때 생마늘을 함께 먹으면 생선회의 차가운 기운을 보완하고 강력한 살균작용으로 날 음식 때문에 생길 수 있는 식중독도 예방해 준답니다.
가정에서 주로 사용하는 다진 마늘을 오래 두고 먹으려면 냉동 보관하는 것이 좋아요. 비닐 백에 다진 마늘을 넣고 평평하게 펼친 후 네모 모양으로 칸을 나눠 냉동하면 해동될 때까지 기다릴 필요 없이 바로바로 잘라서 쓸 수 있죠.
마늘가루는 마늘향이 나면서 건더기가 없으니 보다 깔끔한 요리를 할 때 편리해요. 저민 마늘은 기름에 볶아주면 자연스레 향이 퍼져 볶음요리의 풍미를 더해줍니다. 마늘을 얄팍하게 저며 꾸덕하게 말려보세요. 냉동 보관해 두었다가 몇 쪽씩 생선 구울 때나 고기 볶을 때 넣으면 쫀득하게 씹히는 식감이 좋아요.

익혀도 성분 변화 크게 없어요

마늘이 몸에 좋다고 생으로 많이 먹는 것은 위험해요. 매운맛을 내는 알리신 성분이 위벽을 자극해 위장장애를 일으킬 수 있거든요. 위가 약한 사람은 익혀서 먹는 것이 좋고 특히 공복 시에 생으로 먹는 것은 금물이에요. 최근의 연구 결과에 따르면 마늘은 조리해도 수분 함량 외에는 성분 변화가 크게 없다고 하니 익혀서 먹는 것을 권합니다. 하루 적정량은 2~3쪽 정도예요. 마늘은 열성이 매우 강한 식품이라 장기간 너무 많은 양을 먹는 것은 좋지 않아요.

마늘 새송이 간장볶음

recipe.

1 달군 팬에 현미유를 두르고 마늘과 새송이버섯을 넣고 노릇노릇하게 볶는다.
2 간장, 꿀, 맛술을 섞어 마늘과 새송이버섯 위에 뿌린다.
3 약한 불에서 윤기 나도록 볶은 다음 불을 끈다.
4 완성 접시에 모양 나게 담고 검은깨를 뿌려 완성한다.

ingredient.

껍질 깐 마늘 200g, 마늘 크기로 손질한 새송이버섯 200g, 우리 간장 2큰술, 꿀 2큰술, 맛술 1큰술, 현미유 3큰술, 검은깨 1작은술

+ 초간단 영양만점 밥반찬

마늘 잼

recipe.

1 통마늘은 껍질을 한 겹만 벗기고, 깨끗이 씻어 물기를 거둔 후 찜통에 넣고 30분 정도 찐다.

2 부드럽게 익으면 껍질을 깐 후에 잘 으깨어 두꺼운 냄비에 넣고, 벌꿀 800g을 넣은 다음 2시간 정도 약한 불로 천천히 졸인다.

ingredient.

마늘 10통, 벌꿀 800g

+ 마늘 냄새 걱정 없이 맛있게!
질리지 않아 자꾸만 손이 가요

SPINACH

시금치

다양한 항산화 성분으로 기억력을 높이고 치매를 예방해요

시금치는 웰빙 녹황색 채소의 대표 선수로 손꼽힙니다. 카로틴과 비타민 C를 비롯해 B6 등 여러 가지 항산화 성분이 들어있어 인지 기능과 세포의 기능이 손상되는 것을 예방하는 데 도움을 줘요. 또한 무기질과 유기산도 풍부해 성장기 어린이에게 참 좋은 식품이기도 합니다. 사포닌과 함께 부드러운 섬유소가 들어있어 변비에도 효과가 있고, 철과 엽산이 있어 빈혈과 치매 예방에도 좋다고 알려져 있어요. 엽산은 기형아 출생 위험을 낮춰주므로 가임기 여성과 임산부에게 꼭 필요한 영양소입니다.

시금치 뿌리에는 구리와 망간이 들어있어서 몸에 해로운 요산을 몸 밖으로 내보내는 역할을 하므로 잘라내지 말고 함께 섭취하는 것이 좋아요. 시금치를 생으로 많이 먹으면 수산 때문에 결석이 생길 우려가 있다고 하는데요, 끓는 물에 데쳐서 요리하면 어느 정도 줄일 수 있어요. 그런데 하루에 500g 이상 먹지 않으면 상관없다는 연구결과로 평소 먹는 분량으로는 별 걱정을 하지 않아도 된답니다.

용도별로 시금치 고르는 요령

시금치는 요리 용도에 따라 종류를 골라야 해요. 국거리나 샐러드 용도로 사용할 때는 줄기가 긴 시금치를 사용하는 것이 좋아요. 최근엔 샐러드용으로 연한 베이비시금치가 따로 나와요. 무침용은 길이가 짧고 짙은 초록색이 좋고 뿌리 부분이 선명한 붉은색을 띠는 것이 좋은데요, 늦가을부터 이른 봄까지 나오는 일명 '포항초'라고 부르는 것이 달고 맛있어요. 포항에서만 재배된다고 하여 붙여진 이름인데요, 일반 시금치에 비해 길이가 짧고 향과 맛이 좋아요. 포항의 바닷가 노지에서 자라는 포항초는 바닷바람이 적당한 염분을 제공하여 맛을 더 좋게 해주고, 자연스럽게 뿌리 부분에 흙이 쌓이도록 모래땅을 복토해 주므로 뿌리가 길고 강하면서 빛깔도 보기 좋은 붉은색을 띠죠. 바닷바람의 영향으로 옆으로 퍼지며 자라기 때문에 짧은 줄기 덕분에 영양분이 고르게 퍼져서 당도가 높고 저장 기간도 길어요.

손질 방법과 보관하는 요령

시금치를 조리할 때 밑동이 그대로 붙어있어야 영양 손실이 적으므로 뿌리 부분을 잘라내지 말고 뿌리의 겉껍질을 칼등으로 살살 긁어낸 뒤 그대로 사용하는 것이 좋아요. 시금치 뿌리 쪽에서 시작되는 줄기 사이에 흙이나 모래가 많이 있으니 흔들어서 꼼꼼히 잘 씻어 내야 해요.
시금치는 샐러드나 피자 토핑처럼 생채로 사용하기도 하지만, 나물이나 국으로 이용할 때는 끓는 물에 소금을 넣고 뚜껑을 연 채 데치면 쓴맛을 내는 원인인 수산(옥살산)을 증발시킬 수 있어요. 데쳐낸 시금치에 묻어나는 거품은 흐르는 물에 잘 헹궈내고 사용하세요.
시금치는 레몬과 함께 먹으면 좋은 음식인데 그 이유는 시금치에 들어있는 철분이 비타민 C와 함께 먹으면 흡수가 더 잘 되기 때문이에요.
사과, 멜론, 키위 등에서 배출되는 에틸렌 가스는 채소의 호흡을 증가시켜 노화를 빠르게 하므로 시금치와 함께 보관하지 않도록 합니다.

+ 중동에서 매일 즐겨 먹는 음식, 콜레스테롤을 낮춰줘요

시금치 후무스

recipe.

1 깨끗이 씻은 병아리콩 350g을 물에 담가 12시간 불린다.
2 냄비에 불린 병아리콩을 담고 콩이 잠기도록 넉넉히 물을 붓는다.
3 센 불로 가열하여 끓기 시작하면 불을 줄이고 2시간 동안 삶는다.
4 익힌 병아리콩을 찬물에 헹구어 식힌다.
5 블렌더에 병아리콩, 육수, 파슬리, 파프리카 가루, 후추를 넣고 잘 갈아준 다음 시금치를 넣고 다시 갈아준다.
6 타히니, 소금, 마늘을 넣고 나무주걱으로 잘 섞는다.
7 레몬즙을 넣고 섞어 완성한다.

tip. 통밀 토르티야에 오이, 파프리카, 풋고추, 파슬리 등 좋아하는 야채와 구운 두부 등을 올리고 시금치 후무스를 얹어 싸먹으면 맛있어요.

ingredient.

4인분
병아리콩 400g,
육수 50ml,
생파슬리 1/4컵, 훈제 파프리카 가루 1작은술,
시금치잎 1과 1/2컵,
후추, 타히니 2큰술,
소금 1/2작은술,
다진 마늘 1쪽 분량,
레몬즙 3큰술

시금치 사과 샐러드

recipe.

1 큰 샐러드 볼에 손질한 시금치, 사과, 적양파, 호두, 크랜베리를 넣고 치즈는 절반을 남기고 넣는다.
2 준비된 소스 재료를 병에 넣고 흔들어 잘 섞어 둔다.
3 샐러드 재료가 담긴 볼에 만들어 놓은 소스를 고루 뿌린 후 섞어준다.
4 남겨둔 치즈를 올려 장식한다.

ingredient. 4인분

어린 시금치잎 1단, 얇게 자른 사과 2개 분량, 적양파 1/2개, 구운 호두 또는 피칸 1컵, 말린 크랜베리 2/3컵, 페타치즈 또는 블루치즈 적당량 ***소스** : 엑스트라 버진 올리브오일 1/3컵, 와인비네거 또는 사과식초 1/4 컵, 레몬즙 2큰술, 디종 머스타드 1큰술, 다진 마늘 1쪽 분량, 꿀 또는 메이플 시럽 1큰술, 소금, 후추

\+ 사과의 자연스러운 단맛과 풋풋한 시금치,
견과류의 고소한 맛이 잘 어울려요

시금치 코코넛 크림소스 볶음

recipe.

1 손질한 양파는 채 썰고 시금치는 한 입 크기로 잘라 둔다.
2 달군 팬에 오일을 두르고 양파를 볶다가 투명해지면 마늘을 넣고 볶는다.
3 양파가 갈색으로 변하면 시금치와 고춧가루를 넣고 볶는다.
4 시금치 색이 살짝 짙어지면 코코넛 크림을 넣고 바글바글 끓인 다음 소금 후추로 간을 하고 불을 끈다.
5 완성 그릇에 모양을 내 담고 팬에 남은 소스를 충분히 끼얹고 베이컨 칩을 뿌려 완성한다.

ingredient.

시금치 1/2단, 양파 1/2개, 코코넛 크림 1/2컵, 다진 마늘 1큰술, 고춧가루 1/2큰술, 코코넛오일, 바싹 구워 다진 베이컨 1조각 분량, 소금, 후추

+ 코코넛 크림이 들어가 이국적인 맛을 느낄 수 있고 간단하게 만들 수 있어요.

시금치 두부볶음

ingredient.

시금치 1/2단, 두부 1모,
녹말가루 1큰술,
호두 3큰술,
굴소스 1큰술,
참기름 1큰술,
올리브오일, 후추

recipe.

1 손질한 시금치는 한 입 크기로 잘라둔다.
2 두부는 물기를 충분히 뺀 다음 주사위 모양으로 잘라 녹말가루를 뿌린다.
3 달군 팬에 기름을 두르고 두부를 튀기듯 굽는다.
4 두부가 노릇하게 구워지면 시금치와 호두를 넣고 볶다가 굴소스와 후추를 넣고 살짝 볶아 불을 끈 후에 참기름을 넣는다.
5 완성 접시에 모양을 잡아 담아낸다.

tip. 두부는 미리 물기를 빼 두는 것이 좋아요. 종이 타월이나 마른 수건을 펼쳐 놓고 포 떠 놓은 두부를 올려 물기를 제거합니다.

+ 중식 스타일로 볶아낸 색다른 밥반찬

ONION

양파

성인병을 예방해 주는 혈관청소부

양파를 생각하면 가장 먼저 자장면이 떠오르지 않나요? 볶거나 튀기는 기름진 중국음식에 양파를 특히 많이 사용하는데요, 양파 생산량이 세계 최고인 중국 산둥성 린이시 주민들은 매일 2개의 양파를 먹는다고 해요. 그들은 평균 수명이 76세로 중국 전체 인구의 평균 수명보다 약 5년 정도 더 길답니다.

8겹으로 이루어진 양파는'혈관청소부'라고도 불립니다. 이는 강력한 항산화물질인 퀘르세틴(quercetin)이 풍부하기 때문인데요, 최근에 건강 성분으로 크게 각광받기 시작한 이 성분은 항혈전, 항바이러스, 항염증 효과와 함께 항암제로써 잠재성을 갖고 있다고 해요. 또한 혈관 벽의 손상을 막고 건강에 나쁜 콜레스테롤(LDL) 농도를 낮춘다고 하니 양파를 많이 먹으면 혈액순환이 잘 되겠죠? 피가 잘 돌면 고혈압, 동맥경화 등 성인병을 예방하는 데 도움이 된답니다.

껍질에 풍부한 항산화물질 퀘르세틴

퀘르세틴은 볶거나 튀겼을 때도 생으로 섭취할 때와 큰 차이가 없어요. 특히 육류와 양파를 함께 섭취할 때 중성지방이 2배 이상 낮아지므로 삼겹살 같은 기름진 육류를 먹을 때는 반드시 양파를 곁들여 먹는 것이 좋겠습니다.

퀘르세틴 성분은 양파의 겉껍질에 가장 많이 들어있고 안쪽 겹으로 들어갈수록 함량이 낮아져요. 겉껍질을 버리지 않고 육수를 내거나 차로 우려먹는 경우가 있는데요, 퀘르세틴 성분은 수용성이 아니므로 물에 끓여도 녹아 나오지는 않아요. 지용성이기 때문에 요리를 할 때 맛기름을 내는 과정에서 양파껍질을 넣었다가 건져내면 효과적으로 퀘르세틴을 섭취할 수 있습니다. 양파껍질이 나올 때마다 버리지 말고 채반에 펼쳐 말려서 밀봉해두었다가 꼭 활용하세요.

양파를 수확하기 위해 초록색 줄기 부분을 잘라 보면 흰색 즙이 나오는데 이는 유화아릴 성분으로 혈관을 확장하고 체온을 올려 뇌졸중을 예방하는 것은 물론 면역력까지 높여 주는 아주 고마운 물질이에요. 이런 이유로 각종 바이러스로부터 우리 몸을 건강하게 지켜주기 때문에 늘 가까이해야 할 아주 좋은 식재료죠. 몸속 유해 물질을 흡착해 깨끗하게 해주고, 지방 분해를 도와 비만을 예방하는 데도 좋은 효과가 있으니 텔로미어 관리에 빠져서는 안 될 귀중한 식품입니다.

고르는 법과 보관하는 요령

들었을 때 묵직하고 겉껍질이 얇고 여러 겹으로 쌓여 있으며 쉽게 벗겨지지 않는 것이 좋아요. 아래의 뿌리 쪽이 약간 볼록한 것이 잘 자란 것이고요, 보고 만져 봤을 때 육질이 단단한 것을 고르세요.
구입할 때 건조가 잘되어 있는 것이 좋지만 만약에 덜 말라 있다면, 바람이 잘 통하는 곳에 종이를 깔고 양파가 서로 겹치지 않게 펼쳐두고 겉껍질이 잘 마른 후에 소쿠리나 망에 담아두면 됩니다.

적양파 절임

recipe.

1 양파를 얇게 썰어서 병에 넣고 마늘과 후추를 나누어 넣는다.
2 냄비에 식초, 물, 설탕, 소금을 넣고 중간 불로 가열한다.
3 설탕과 소금이 녹을 때까지 저어준다.
4 설탕과 소금이 다 녹으면 식힌 다음 양파 담은 병에 붓고 냉장 보관한다.
5 하룻저녁 숙성 후에 먹는다.

ingredient.

적양파 2개, 백 식초 2컵, 물 2컵, 설탕 1/3컵, 소금 2큰술, 저민 마늘 2쪽 분량,
다양한 색의 통후추 1작은술

+ 아삭한 식감의 맛있는 절임, 샌드위치나 샐러드에 잘 어울려요

양파 파이

recipe.

1 중간 불로 달군 팬에 기름을 두르고 양파를 넣고 갈색이 되지 않도록 부드럽게 볶는다.
2 큰 그릇에 달걀을 깨뜨려 충분히 섞어 반쯤 거품을 내고 빵가루, 치즈, 파슬리, 볶은 양파를 넣고 고루 섞는다.
3 파이 플레이트에 붓고 180°C로 예열한 오븐에서 35~40분 동안 굽는다.

ingredient.

얇게 썬 중간 크기 양파 6개, 카놀라오일 2큰술, 달걀 6개, 부드러운 빵가루 1컵,
파마산 치즈가루 1/2컵, 다진 파슬리 1/2컵

+ 따듯하고 폭신한 파이 한 조각에 신선한 샐러드를 곁들여 내세요

양파 잼

recipe.

1 양파는 껍질을 벗기고 강판이나 블렌더에 간다.
2 바닥이 두꺼운 냄비에 간 양파와 설탕, 소금을 넣고 은근한 불에서 끓인다.
3 양파가 투명해지면 불을 약하게 하여 저으면서 20분 정도 조린다.

ingredient.

양파(200g) 2개, 설탕 100g(2/3컵), 소금 조금

+ 빵에 발라 먹거나 불고기, 생선 요리에 설탕 대신 넣으면 풍미를 살려줘요

+ 냉장고에 하루 이틀 넣어두면,
숙성되어 맛이 더 깊어져요

양파 수프

ingredient.

중간 크기의 양파 4개 얇게 썬 것, 엑스트라 버진 올리브오일 6큰술, 소금 1작은술, 발사믹 식초 1과 1/2큰술, 다진 타임이나 바질 1작은술, 다진 마늘 3쪽 분량, 밀가루 3큰술, 화이트 와인 1컵, 육수 6컵, 후추 *슬라이스 바게트, 그뤼에르 치즈, 숙성 체다 치즈 또는 파마산 치즈, 타임

recipe.

1 넉넉한 냄비에 기름을 넣고 중간 불로 가열한다.
2 분량의 채 썬 양파, 소금, 후추 몇 개를 넣고 섞어준다.
3 약불로 낮추고 약 40분간 양파가 부드러워질 때까지 저어준다.
4 양파가 충분히 부드러워지면 중간 불로 높여 20분간 더 익히고 자주 저어주면서 노릇해질 때까지 볶는다.
5 발사믹 식초, 타임, 마늘을 넣고 저어준다.
6 양파에 밀가루를 뿌려 저어주고 2분 동안 볶는다.
7 와인을 넣고 알코올이 날아갈 때까지 저어준다.
8 육수를 넣고 중간 불로 30분 동안 끓인다.
9 수프를 그릇에 뜨고 구운 바게트 조각을 올려 완성한다.

tip. 바게트에 치즈를 올려 구우면 더 고소해요. 양파 수프를 미리 만들어 두었다가 먹기 전에 바게트를 구워 곁들이세요.

CABBAGE

배추

섬유질 풍부한 저칼로리 웰빙 채소

'배추' 하면 제일 먼저 '김치'를 떠올리는 분들이 많을 거예요. 그만큼 배추는 한국인의 대표 채소로, 오랫동안 김치의 주원료로 사용되어 왔습니다. 식생활이 서구화되면서 김치 소비가 점점 줄어드는 대신 배추는 이제 웰빙 트렌드에 잘 맞는 건강 채소로 자리매김하고 있어요. 찜 요리나 쌈 채소로 또는 샐러드용으로 우리의 식탁을 풍성하게 채워주고 있죠.

배추의 칼로리는 100g 당 14kcal 정도로 매우 낮아서 비만 예방에 좋아요. 또 섬유질이 풍부하여 장의 활동을 촉진하기에 변비와 대장암 예방에도 효과적이죠. 그런데 배추는 성질이 차가운 채소여서 만성 대장질환이 있는 분은 익혀 먹기를 권합니다. 배추는 수분 함량이 약 95%로 매우 높아 이뇨작용을 원활하게 도와주기도 해요.

이 밖에도 칼슘, 칼륨, 인 등의 무기질과 비타민 C가 풍부해 감기 예방과 치료에도 효과적이죠. 배추의 푸른 잎에는 비타민 A의 전구체인 베타카로틴이 듬뿍 들어있어 면역력 강화에 도움을 줍니다.

고르는 법과 보관하는 요령

푸른 잎이 얇고 많은 것, 잎맥이 얇고 부드러운 것, 줄기의 흰 부분을 눌렀을 때 단단한 것, 반으로 쪼갰을 때 노란빛이 나고 속이 80% 정도 차 있는 것이 맛있고 싱싱한 배추입니다. 밑동은 하얗고, 배추의 줄기는 얇을수록 식감이 좋아요.
보관할 때는 배추 겉잎을 떼어내지 않은 상태로 신문지에 싸서 통풍이 잘 되는 서늘한 곳이나 김치냉장고에 보관하세요. 배추가 자라는 방향인 뿌리 부분이 아래로 가도록 세워서 보관하면 더욱 좋아요. 두고 먹을 때는 겉에서부터 한 잎씩 필요한 만큼 떼어서 사용하면 더 신선한 상태로 보관할 수 있어요.
비타민 C가 풍부한 배추 겉잎은 말려뒀다가 시래기로 활용하면 좋은데요, 도시에서는 말리기가 좀 어렵죠. 그럴 때는 데쳐서 냉동 보관하면 좋아요. 데친 배추 겉잎을 비닐 백에 담고 배추 데친 물을 조금 부어서 물기를 머금게 한 상태로 밀봉한 다음 냉동 보관해두면 된장찌개나 생선조림의 우거지용으로 간편하게 이용할 수 있어요.

부위별로 맛과 용도가 달라요

배추의 중간 잎은 조직이 단단하고 아삭아삭해서 나박김치 등 김치 재료로 좋고, 배추찜으로 조리하거나 전을 부쳐도 맛있게 즐길 수 있어요. 안쪽의 노랗고 작은 어린잎을 '고갱이'라고 부르는데요, 노란색을 띠는 배추의 속잎은 단 맛이 좋아서 쌈과 샐러드로 활용하면 배추의 독특한 향과 맛을 제대로 즐길 수 있을 거예요.
배추를 이용한 대표적인 요리로 '밀푀유나베'가 한동안 유튜브를 장식했었죠. 프랑스어 '밀푀유(mille feuille, 천 개의 잎사귀라는 뜻)'와 일본어 '나베(なべ)'의 합성어로 이름 붙여진 이 요리는 배추와 깻잎, 고기를 겹겹이 겹친 전골 요리로 맛과 모양새가 좋아서 손님 초대용 음식으로 제격이에요.

\+ 고소한 맛이 일품!
한 끼 식사로도
좋아요.

배추 두부볶음

recipe.

1 두부는 깍둑 썰어 소금으로 간한 후에 녹말가루에 굴려 기름 두른 팬에 노릇하게 구워 채반에 올려둔다.
2 팬을 달구어 고추기름과 올리브오일을 두르고 잘게 썬 대파를 볶다가 파 기름이 어느 정도 만들어지면 간장을 팬 옆으로 두르듯 끼얹어 준다.
3 2에 한 입 크기로 썬 배추를 넣고 볶다가 끓는 물을 부어 볶는다.
4 배추에 윤기가 돌면 소금으로 간을 맞춘다.
5 구워 놓은 두부를 4에 넣고 볶다가 두부에 간이 배면 버섯과 후추를 넣고 조금 더 볶은 후에 완성한다.

ingredient.

알배추 한 입 크기로 썬 것 1/2포기, 두부 1모, 녹말가루 1큰술, 버섯 1컵, 대파 2대, 고추기름 1큰술, 올리브오일, 간장 2큰술, 끓는 물 2/3컵, 소금, 후추

배추찜

recipe.

1 알배추는 칼집을 넣어 6등분으로 갈라놓는다.
2 끓는 물에 올리브오일과 소금을 넣고 배추를 살짝 데친다.
3 팬을 달구어 고추기름을 두르고 양파, 청양고추, 마늘, 쪽파를 볶다가 생강즙, 간장, 청주, 굴소스, 설탕, 식초, 물을 넣고 끓여 양념장을 만든다.
4 접시에 당면을 깔고 배추를 가지런히 담은 후 양념장을 끼얹는다.
5 김이 오른 찜통에 4를 쪄낸다.
6 한 김 나간 후에 접시를 꺼내고 파프리카를 올려 완성한다.

ingredient.

알배추 1/2통, 불린 녹두 당면 적당량, 잘게 다진 붉은 파프리카 1/5개 분량

***양념장** : 잘게 다진 양파 1/6개 분량, 다진 청양고추 1개 분량, 다진 마늘 1작은술, 송송 다진 쪽파 1/2컵, 고추기름 1큰술, 생강즙 1작은술, 간장 1큰술, 청주 1큰술, 굴소스 1작은술, 설탕 1/2큰술, 식초 3큰술, 물 1큰술

***배추 데침 물** : 올리브오일 1큰술, 소금 1작은술

+ 속을 아주 편안하게 해주는 담백한 음식, 어떤 요리와도 잘 어울려요

알 배추 간장 샐러드

recipe.

1 알배추는 속이 노란 것으로 준비해 먹기 좋은 크기로 썬다.
2 양파 청·홍고추는 곱게 채 썬다.
3 배는 편 썬다.
4 쪽파는 양파와 길이를 맞춘다.
5 준비한 배추, 양파, 고추, 쪽파를 볼에 담고 분량의 양념장을 넣어 버무린 뒤 배를 넣고 살짝 버무려 완성 그릇에 담아낸다.

ingredient.

알배추 1포기, 양파 1/2개, 배 1/2개, 청·홍고추 1개씩, 쪽파 조금
*양념장 : 고춧가루 2큰술, 식초 1큰술, 유자청 1큰술, 우리 간장 1큰술, 레몬즙 2큰술, 액젓 1큰술, 다진 마늘 1작은술

+ 김치 대신 먹을 수 있는 샐러드예요. 봄철엔 배추 대신 봄동으로 해도 잘 어울려요

\+ 고기를 넣어 작고
예쁘게 부쳐내요

개성식 배추 전

ingredient.

배춧잎 2장,
밀가루 1큰술, 달걀 1개,
다진 쇠고기 50g
***고기 양념** :
우리 간장 1작은술,
다진 마늘 1/2작은술,
다진 대파 1작은술,
깨소금 1/2작은술,
참기름,
유기농 설탕 1/3작은술

recipe.

1 배추를 곱게 채 썬 후 끓는 물에 데쳐내 찬물에 헹군 후 물기를 꼭 짜둔다.
2 다진 쇠고기에 분량의 고기 양념을 넣고 조물조물 무쳐 양념이 잘 배도록 잠시 둔다.
3 배추와 양념한 고기를 섞어서 치댄다.
4 3에 밀가루를 뿌린 후 달걀 물을 씌워 팬에 구워낸다.
5 채반에 올려 한 김 뺀 후에 접시에 담아낸다.

tip. 배추전은 지방마다 해먹는 방식이 조금씩 달라요. 경상도에선 배춧잎을 그대로 두들겨 밀가루 물을 씌워 지져내고요, 전라도에서는 배춧잎을 소금에 살짝 절여 밀가루 물을 씌워 지져 내죠. 그에 비해 서울과 개성에서는 채소 요리에도 고기가 조금씩 들어가는 특징이 있어요. 모양도 작고 화려하죠. 한편 사찰의 배추전은 사과를 갈아서 고추장과 섞어 달콤 매콤하게 만든 소스를 곁들여 낸답니다.

BEET

비트

강력한 항산화 작용으로 젊고 활기차게!

비트는 특유의 붉은 보라색으로 음식의 빛깔을 예쁘게 해주죠. 바로 이 붉은 색소 '베타레인(betalain)'이라는 성분이 세포의 손상을 억제하며, 토마토의 8배에 달할 정도로 항산화 작용을 강력하게 한다는 사실 알고 계셨나요? 덕분에 노화 예방에 탁월하고 피부의 재생력까지 높여주어 미용에 아주 좋아요.

'베타레인'은 혈관 내의 독소 배출을 돕고 혈당을 낮춰주기에 당뇨에도 좋은 채소라고 할 수 있어요. 또한 적혈구가 원활히 생성되도록 도움을 주어 빈혈 개선에도 효과가 있습니다. 혈액을 맑게 정화하기 때문에 월경불순이나 갱년기 여성들에게도 좋죠. 이외에 임산부에게 필요한 엽산, 노폐물을 제거하고 붓기를 내려주는 알칼로이드 성분, 배변과 체중조절에 도움을 주는 식이섬유 등이 풍부하게 들어있습니다. 한마디로 팔방미인 건강 미용 채소인 셈이죠.

하루 권장량 한 개 이하로 드세요

비트의 권장량은 하루 1개 정도예요. 몸에 좋다고 권장량을 무시한 채 무분별하게 섭취하면 소화 장애나 설사 등의 부작용이 생길 수 있으니 조심하세요. 특히 칼륨이 풍부하기 때문에 신장 질환이 있거나, 저혈압 환자는 한꺼번에 과다 섭취하지 않도록 주의해야 합니다.

고르는 법과 보관하는 요령

표면이 매끄럽고 모양이 둥그스름한 것이 좋아요. 3월부터 6월까지가 제철인데요, 수확한 지 얼마 안 된 것은 흙이 많이 묻어있고 잘랐을 때 즙이 많고 붉은색이 선명하게 드러납니다. 껍질이 단단하고 중간 정도의 크기가 가장 부드럽고 맛있어요.

비트는 수분이 날아가지 않도록 종이타월로 감싼 후에 지퍼 백에 넣어 냉장 보관하면 신선함이 더 오래 유지된답니다.

더 건강하고 맛있게 먹는 법

비트의 붉은 보라색은 베타레인이라는 폴리페놀 성분으로 열에 다소 약해요. 가능한 한 생으로 먹는 것이 좋고요, 고온에 볶거나 튀기는 것보다는 찌는 형식의 조리방법이 영양 손실을 최소화할 수 있어요.

비트는 아삭한 식감과 특유의 단맛으로 식탁의 활기를 불어 넣어주는데요, 그대로 잘라서 샐러드로 먹기에 최고죠. 피클이나 장아찌로 만들면 빛깔이 예뻐서 식욕을 돋워주고요, 사과나 레몬과 함께 주스로 만들면 색이 선명하고 맛도 상큼해요.

+ 말린 비트의 오독오독한 식감이 일품!
짜지 않고 상큼해요

비트 장아찌

recipe.

1 비트는 깨끗이 손질하여 껍질을 벗긴다.

2 납작하게 편 썰어서 바람이 잘 통하는 곳에서 하루 정도 꾸덕꾸덕하게 말린다.

3 비트를 통에 담고 절임장을 섞어서 붓고 상온에서 3일간 두는데 기온에 따라 조절한다.

4 체에 비트를 밭쳐 절임장을 냄비에 붓고 팔팔 끓여 식힌 다음 다시 비트에 붓고, 3일 후에 다시 한 번 반복하여 마지막에 레몬즙을 넣고 냉장 보관한다.

5 먹을 때는 비트만 건져서 참기름에 무쳐 쪽파와 통깨를 뿌려낸다.

ingredient.

비트 2kg, 레몬 1개 ***절임장** : 물 300ml, 식초 400ml, 매실청 400ml, 올리고당 1컵, 소금 1/2컵, 다진 생강 1큰술

비트 물김치

recipe.

1 콜라비와 비트는 잘 다듬어 씻어서 먹기 좋게 납작하게 썰어 소금물에 절였다가 물기를 없앤다.
2 콩물에 고구마가루와 찹쌀가루를 넣고 끓여 찹쌀 풀을 만든다.
3 멸치와 다시마를 물에 넣고 약한 불에 끓여서 식혀 둔다.
4 홍고추는 씨를 빼고 어슷하게 썰고 쪽파는 절여서 돌돌 말아 놓고, 마늘과 생강은 편 썰고 대추는 깨끗이 씻는다.
5 멸치와 다시마를 넣고 끓인 물에 찹쌀 풀을 섞고 고춧가루를 넣어 체에 밭쳐서 색을 낸 다음 소금을 넣어 김치 국물을 만든다.
6 절여둔 빨간 비트와 콜라비를 김치 국물에 넣고 다시 한 번 간을 맞추고 마늘, 생강, 홍고추와 쪽파, 대추를 넣고 익혀서 먹는다.

tip. 콩물과 고구마가루로 풀을 쑤면 풋내를 잡아주고 알맞게 익은 후 잘 시어지지 않는다.

+ 은은하게 우러난 비트의
색감이 특별해요

ingredient.

비트 1개, 콜라비 3개, 대추 5개, 생강 1쪽,
마늘 5쪽, 홍고추 2개, 쪽파 1/4단, 고춧가루 1큰술, 소금
***육수** : 멸치다시마국물 10컵 ***찹쌀 풀** : 콩물 1컵, 고구마가루 1큰술, 찹쌀가루 1큰술

고소한 그라놀라를 곁들인 비트 샐러드

recipe.

1 비트는 먹기 좋게 납작하게 썬다.
2 그릇에 달걀흰자 1큰술을 넣고 거품이 날 때까지 저어준 후 호두, 퀴노아, 잣을 넣고 잘 저어 섞는다.
3 종이 호일을 깔아 놓은 트레이에 2의 그라놀라 재료를 펼쳐 놓고 180°C로 예열된 오븐에 10~12분 동안 또는 노릇해질 때까지 굽는다.
4 오븐에서 꺼낸 그라놀라가 식으면 먹기 좋은 조각으로 쪼개 놓는다.
5 그릇에 오렌지 주스, 식초, 겨자, 꿀, 올리브오일을 넣고 섞어 소스를 만든다.
6 샐러드 잎, 양파, 오렌지 조각, 비트를 그릇에 담고 드레싱을 뿌린 후 치즈와 그라놀라를 올린다.

ingredient. 2인분

비트 작은 것 1개, 껍질 벗긴 오렌지 1개, 베이비 샐러드 잎 200g, 적 양파 1/2개, 페타 치즈 150g
***그라놀라** : 달걀흰자 1개 분량, 호두 35g, 퀴노아 55g, 잣 2큰술 ***소스** : 오렌지즙 1개 분량, 적포도주 식초 1과 1/2큰술, 디종 머스타드 1작은술, 꿀 1작은술, 올리브오일 1과 1/2큰술

+ 화려한 색감의 맛있고 부담 없는 저칼로리 요리에요

비트 사과 생강 주스

recipe.

1 비트 뿌리, 사과, 생강을 착즙기로 짜거나, 블렌더에 350ml의 물을 넣고 부드러워질 때까지 간 다음 고운체에 즙을 내린다.
2 준비된 잔에 즙을 붓는다.

ingredient. 2인분

껍질 벗긴 비트 뿌리 200g, 사과 2개, 생강 엄지손가락 크기 2조각

+ 몸의 찬 기운을 없애고 따듯하게 만들어 줘요

SEAWEED

해조류

바다의 영양이 고스란히 담긴 슈퍼푸드

예부터 우리나라는 김, 미역, 다시마, 파래, 톳, 모자반, 청각 등 여러 가지 해조류 음식을 밥상에 올렸어요. 해조류를 섭취하는 나라는 그리 많지 않은데요, 그중에 세계적인 장수국가 일본이 해조류 소비 왕국으로 꼽히죠. 사실은 우리가 그들보다 훨씬 다양한 종류를 이용해왔는데 말이죠. 이제부터라도 해조류 음식을 더 가까이해서 건강장수를 누려야겠어요.

해조류는 산성 식품 섭취가 많은 현대인들에게 꼭 필요한 알칼리성 식품으로 무기질이 풍부해요. 갑상선 호르몬의 주성분인 요오드가 많아 피로 해소와 갑상선 질환 예방에 효과가 있습니다. 칼로리가 비교적 낮고 식이섬유는 풍부하여 체중관리와 혈액을 맑게 하는 등 건강관리에 도움이 된답니다. 일부 특정 성분에서는 항균, 항산화, 항고혈압 등의 건강 기능성 특성을 가지고 있기도 해요. 다양한 가공식품이 있지만 첨가물이 들어간 가공품보다는 되도록 신선한 해조류를 선택하여 간단히 조리해서 섭취하는 것이 텔로미어 관리에 도움이 됩니다.

종류별 더 맛있고 건강하게 즐기는 방법

김 김 1장에는 달걀 2개에 맞먹는 단백질이 들어 있고 비타민 A와 칼륨, 철분, 인 등 각종 미네랄이 풍부해요. 미리 구워진 것보다는 아무것도 바르지 않은 생김 그대로 구워 우리 간장에 찍어 먹는 깔끔한 맛을 즐겨보세요. 특히 파래가 섞여 있는 것은 구우면 쌉싸름하면서도 고소한 맛이 일품입니다. 참기름 대신 들기름을 발라 구워도 맛있는데요, 기름을 바른 김은 산패되기 쉬우므로 빨리 먹어야 해요. 눅눅해진 김은 팬에 살짝 구우면 다시 바삭해져요. 김은 어떤 종류의 밥과도 잘 어울립니다. 김치볶음밥 할 때 김을 잘게 썰어 볶으면 훨씬 맛있어요. 따듯한 밥을 작게 뭉쳐 김 부스러기에 굴려 주먹밥으로 만들어도 좋죠.

미역 출산 후 여성의 자궁수축을 돕고 출혈을 멎게 해주는 이로운 식품이에요. 미역을 두부와 함께 먹으면 특히 뼈를 튼튼하게 해준다고 해요. 주의할 점은 대파가 미역의 칼슘 흡수를 낮추기 때문에 함께 요리하지 않는 것이 좋아요. 겨울철 물미역이 나오면 살짝 데쳐 식힌 멸치젓을 곁들여보세요. 가늘게 채쳐 나오는 미역줄기는 먹기 좋게 손질해서 기름에 볶아 먹거나 초고추장에 무쳐도 산뜻해요.

다시마 변비와 미용에 좋다고 해서 다양한 제품이 나오고 있어요. 체중조절 할 때 다시마를 가루 내어 충분한 물과 먹으면 포만감이 오래 유지된답니다. 다시마 역시 미역처럼 쌈이나 나물로 먹지만 국물 낼 때 마른 다시마를 넣으면 조미료가 필요 없고 깊은 맛이 나요. 건조된 다시마 표면에 있는 흰 가루 만니톨은 일종의 천연조미료이므로 그대로 사용하시면 되는데요, 씻지 말고 마른 타월로 먼지나 잡티만 닦아 넣어야 감칠맛이 보존된답니다.

톳 피부가 맑아지고 이가 튼튼해지며 머릿결에 윤기를 더해줍니다. 당근, 비트와 같은 뿌리채소와 함께 요리하면 궁합이 잘 맞아요.

파래 뼈와 치아를 건강하게 하고 아토피성 피부염이나 과민성 피부염을 진정시키는 효과도 있어요. 파래를 바싹 말려서 곱게 갈아 볶은 소금과 섞어서 파래소금을 만들면, 고기 구이나 각종 요리에 활용하면 풍미가 좋아요.

매생이 물 맑은 완도에서 주로 생산돼요. 매생이는 깨끗한 물에 씻어 고운체에 받쳐 불순물을 제거한 후에 사용합니다. 보관할 때는 끓는 물에 살짝 데쳐 식힌 매생이를 1회분씩 덩어리를 지어 일회용 봉지에 담아 냉동 보관합니다. 매생이는 굴을 넣고 국을 끓이면 시원한 국물 맛과 입안에서 녹아 흐르는 듯한 부드러움이 일품입니다.

+ 김에 찹쌀 풀을 발라서 말렸다가 기름에 바삭하게 튀겨 먹는 고소한 반찬이에요

김부각

recipe.

1 찹쌀가루에 물을 넣고 센 불에서 나무 주걱으로 젓다가 끓기 시작하면 약한 불에서 7분 동안 더 가열해 찹쌀 풀이 완성되면 소금을넣고 섞는다.
2 김은 반을 접었다가 펼치고 한쪽 면에만 찹쌀 풀을 바르고 다시 접는다.
3 반으로 접은 단면에 찹쌀 풀을 바르고 깨를 군데군데 뿌려놓는다.
4 채반에 넓은 비닐을 깔고 3일간 앞뒤로 뒤집어가며 햇볕에 바짝 말린다.
5 말린 김을 가로 2.5cm, 세로 5cm로 자른다.
6 팬에 기름을 넉넉히 두르고 튀김 온도를 180°C로 올려 1장씩 넣어가며 튀기는데, 찹쌀풀이 하얗게 부풀어 오르면서 떠오르면 건져서 종이에 놓고 기름을 제거한 후에 완성 접시에 담아낸다.

tip. 건조기에는 60°C에서 채반을 번갈아가며 약 5시간 정도 말리면 바짝 말라요. 전자레인지에는 풀 바른 김을 겹치지 않게 넣고 약 2분간 가열한 뒤 꺼내어 식힌 다음 튀겨주세요.

ingredient.

김밥용 김 10장,
통깨 3큰술
***찹쌀 풀 :**
찹쌀가루 5큰술,
물 10큰술(150g),
소금 1/2작은술

톳 두부볶음

recipe.

1 두부는 포를 뜬 후에 종이 타월로 살살 눌러 물기를 제거하고 4cm 길이로 굵게 채 썰어 소금으로 밑간한다.
2 달군 팬에 들기름을 두르고 밑간한 두부를 노릇하게 구워낸다.
3 톳은 끓는 물에 데쳐 한입 크기로 썬다.
4 쪽파는 3cm 길이로 썰고 홍고추는 씨를 빼고 잘게 다진다.
5 팬에 기름을 두르고 온도가 올라가면 중간 불로 놓고 다진 마늘과 간장, 맛술을 넣고 끓으면 두부와 톳을 넣고 볶다가 쪽파, 홍고추를 넣어 볶는다.
6 불을 끄고 들기름을 넣은 후 완성 접시에 보기 좋게 담고 깨를 뿌려 완성한다.

ingredient. 4인분

톳 100g, 두부 1/2모, 쪽파 3대, 홍고추 1/3개, 소금, 들기름, 통깨
***양념** : 우리 간장 1큰술, 다진 마늘 1작은술, 맛술 1/2큰술, 들기름 1큰술

+ 오독오독 식감 좋은 별미 반찬! 혈관을 깨끗하게 청소해줘요

참깨소스 미역 샐러드

recipe.

1 미역은 찬물에 불린 다음 끓는 물에 데쳐 한입 크기로 자른다.
2 오이는 길게 반 잘라 어슷하게 썰고 적양파는 채 썰어 물에 잠깐 담갔다가 건져 물기를 없앤다.
3 방울토마토는 납작하게 썰고 쪽파는 3cm 길이로 자른다.
4 참깨소스 재료는 믹서에 돌려 부드러운 질감으로 소스를 만든다.
5 완성 접시에 미역과 오이, 적양파, 방울토마토, 쪽파를 색 맞춰 고루 담고 소스를 뿌려 낸다.

ingredient. 4인분

마른미역 50g, 오이 1/2개, 적양파 1/4개, 방울토마토 10개, 쪽파 3대, 볶은 통깨

***참깨 드레싱** : 레몬즙 3큰술, 꿀 2큰술, 간장 1큰술, 맛술 1큰술, 통깨 1큰술, 올리브오일 3큰술

+ 항산화 성분과 요오드가 풍부한 미역 요리, 맛있게 즐기면서 암도 예방해요

+ 구수한 맛! 속 편하고 든든한 식사로 좋아요

미역 영양죽

ingredient.

2인분

불린 미역 잘게 다진 것 1컵, 불린 현미 찹쌀 1컵, 다진 쇠고기 1컵, 불린 표고버섯 얇게 채 썰어서 2장 분량, 미나리 5줄기, 된장 1큰술, 고추장 1작은술, 들기름 2큰술, 깨소금 1작은술, 표고버섯 불린 물 5컵

recipe.

1 큼직한 냄비를 달궈 들기름을 두르고 다진 고기와 표고버섯을 넣고 볶다가 불린 쌀과 미역을 넣고 볶는다.

2 1에 표고버섯 불린 물을 붓고 중간 불로 낮춰서 끓인다.

3 미나리는 잘게 썰어 준비한다.

4 쌀이 퍼지기 시작하면 된장과 고추장을 넣고 끓인다.

5 쌀알이 완전히 퍼지면 불을 끄고 뚜껑을 닫은 상태에서 10분간 뜸을 들인다.

6 완성 그릇에 죽을 담고 미나리와 깨소금을 올려 낸다.

telomere food 25
WHOLE GRAIN
통곡물

비타민, 섬유질, 무기질 풍부한 천연 항산화제

곡물은 우리의 주식입니다. 날마다 먹는 음식이기에 건강을 잘 챙기려면 곡물을 잘 선택해야 해요. 가공되지 않은 통곡물은 비타민과 섬유질, 무기질이 풍부해요. 어떤 이들은 당뇨를 예방하기 위해 혹은 비만을 치료하기 위해 탄수화물을 먹지 말라고 하지만 통곡물은 오히려 건강에 도움이 됩니다. 인슐린 저항성 개선에도 도움을 주고요. 물론 너무 과하게 않게 적당량을 먹어야겠죠.

밥을 지을 때 통곡물을 넣어주면 꾸준히 섭취할 수 있어요. 현미도 좋고 보리나 귀리, 퀴노아, 아마란스도 좋습니다. 풍부하게 들어있는 섬유질과 지방산이 콜레스테롤 개선을 돕고 변비는 물론 당뇨나 고혈압 등 성인병에도 좋답니다.

종류별 더 맛있고 건강하게 즐기는 방법

귀리 단백질과 비타민 B 군, 각종 미네랄이 풍부해요. 철분, 마그네슘, 아연, 칼륨 등이 골고루 들어있죠. 오메가3 지방산까지 듬뿍 들어있어 우리의 심혈관 건강을 지키는 데 도움을 줍니다. 체지방 축적을 억제해 할리우드 여배우들의 다이어트 식단에 자주 올랐죠. 귀리를 익혀 납작하게 만든 오트밀은 뜨거운 우유나 시원한 아몬드 우유에 견과류나 과일을 곁들여서 먹으면 아침 식사로 훌륭해요. 오트밀은 다양한 제품이 있는데요, 설탕을 넣은 것은 피하고 가능한 한 통곡물을 선택하는 것이 좋습니다. 맛을 내기 위해 다양한 성분을 추가한 것이 많으니 성분표를 꼭 확인하세요. 귀리를 가장 쉽게 섭취할 수 있는 방법은 쌀과 섞어서 밥으로 해 먹는 것인데요, 제 경험으로는 귀리의 비율을 20% 정도로 섞었을 때가 가장 맛있다고 느껴졌어요.

현미 각종 성인병을 예방하는 데 도움을 주는 대표적인 통곡물이죠. 현미는 도정으로 인한 영양분의 손실이 없어 지방, 단백질, 비타민 B_1과 B_2가 풍부해요. 현미가 몸에 좋지만 백미에 비해 식감이 거칠고 소화가 잘 안된다는 단점이 있어요. 처음 현미밥을 먹을 때는 현미멥쌀과 현미찹쌀을 반반씩 섞어보세요. 어느 정도 익숙해진 뒤에 점점 현미멥쌀의 비율을 높여가면 좋아요. 현미는 8시간 이상 물에 충분히 불려야 식감이 좋아져요. 물에 오래 담가두어도 영양분의 손실은 없어요. 현미밥을 가장 맛있게 먹으려면 압력밥솥을 이용하세요. 백미보다 물을 조금 더 잡고 추가 돌 때까지 강불로 가열한 다음 중불로 5분 더 두었다가 약한 불로 30분쯤 뜸을 들입니다. 완성된 현미밥은 천천히 오랜 시간을 들여 꼭꼭 씹어야 해요. 속껍질이 입안에서 충분히 깨지도록 씹어야 현미에 들어있는 영양소를 제대로 흡수할 수 있거든요.

보리 적은 양을 먹어도 포만감을 주고 칼로리가 낮아요. 미네랄이 풍부해 뼈 건강에 좋고 피부미용과 피로회복도 돕죠. 주의할 점은 차가운 성질을 가지고 있어 몸이 찬 경우나 소화 기능이 약할 때는 안 먹는 것이 좋아요. 보리쌀은 물에 충분히 불려 미리 푹 삶아준 다음 쌀과 함께 밥을 지어야 부드럽게 먹을 수 있어요. 보리를 납작하게 누른 압맥은 미리 삶을 필요 없이 쌀과 함께 밥을 지으면 되고요.

퀴노아 하버드 대학교에서 선정한 열두 가지 슈퍼푸드에 오른 곡물이죠. 단백질이 쌀보다 두 배 이상 높고 글루텐이 없어요. 퀴노아는 깨끗이 씻어서 두 배의 물을 붓고 소금 약간을 넣어 15분 정도 삶으면 익어요. 밥에 넣을 때는 퀴노아가 가벼워서 물에 뜨기 때문에 쌀과 함께 씻기보다는 따로 씻어서 넣어주는 것이 좋아요.

+ 다양한 비타민과 무기질이 들어 있는
오트밀로 영양의 밸런스를 잡아줘요

오버나이트 오트밀

recipe.

1 저장 용기에 오트밀을 넣고 아몬드 우유와 요거트를 잘 섞은 다음 냉장고에 밤새 둔다.

2 밤새 불려 둔 오트밀을 그릇에 담고 준비한 아몬드와 과일을 올려 완성한다.

ingredient.

오트밀 30g, 아몬드 우유 200ml, 요거트 50ml, 마카다미아 5개, 아몬드 5개, 계절과일 적당량

현미 샐러드

recipe.

1 방울토마토는 깨끗이 씻어 4등분으로 손질하고 샐러드 채소는 작게 뜯어 놓는다.
2 접시에 현미밥을 깔고 들기름 1큰술을 뿌린 다음 콩나물, 방울토마토, 샐러드용 채소를 보기 좋게 올린다.
3 드레싱 재료를 섞어서 버무려 먹는다.

ingredient. 2인분

물에 헹궈 차게 식힌 현미밥 1컵, 방울토마토 6개, 샐러드용 채소 1줌, 삶은 콩나물 1컵, 들기름 1큰술 *드레싱: 들기름 2큰술, 발사믹 식초 1큰술, 다진 홍고추 1큰술, 레몬즙 1큰술, 우리 간장 2큰술, 꿀 2큰술, 소금, 후추

+ 현미는 식감이 거칠어서 오히려 샐러드하기에 아주 좋은 곡물이에요

퀴노아 영양밥

recipe.
1 두꺼운 냄비에 들기름을 두르고 양파를 넣고 볶다가 다진 마늘을 넣고 볶는다.
2 양파가 투명하게 볶아지면 퀴노아, 현미, 밤, 은행, 다진 파슬리, 채수, 쯔유를 넣고 밥을 짓는다.
tip. 현미는 하룻저녁 동안 충분히 불리고 밥을 지을 때는 뜸을 충분히 들이세요.

ingredient. 2인분
퀴노아 1컵, 불린 현미찹쌀 1/2컵, 껍질 깐 밤 5개, 은행 5개, 다진 파슬리 2큰술, 채수 2컵, 쯔유 1큰술,
다진 마늘 2작은술, 다진 양파 1개, 들기름 3큰술

+ 단백질 풍부한 퀴노아로 쫀득한 건강밥을 즐겨요

+ 식감 좋은 자연 강장제,
보리를 샐러드로 가볍게 즐기세요

보리 볶음 샐러드

ingredient.

보리밥 1컵, 버터 3큰술,
올리브오일 3큰술,
다진 마늘 4쪽 분량,
껍질 벗긴 중하 5마리,
아스파라거스 3대,
소금 1작은술, 후추
*소스 : 레몬즙 1개
분량, 잘게 다진 신선한
파슬리 1/3컵,
레몬 제스트 1큰술,
파마산 치즈가루

recipe.

1 달군 팬에 올리브오일 1큰술과 버터 1큰술을 넣고 아스파라거스를 넣는다. 소금 1/4작은술과 후추로 간을 해서 약한 불에서 수분을 날리면서 충분히 볶아낸다.
2 1의 아스파라거스 볶아낸 팬에 다시 올리브오일과 버터를 넣고 버터가 녹으면 마늘을 넣어 볶는다.
3 마늘이 갈색으로 바뀔 때 손질한 새우를 넣고 소금과 후추를 넣고 익혀낸다.
4 새우가 익으면 불을 끄고 보리밥과 1의 볶아 놓은 아스파라거스를 넣고 함께 살짝 볶는다.
5 4를 완성 그릇에 담고 파슬리와 파마산 치즈가루를 뿌린다.

plus page

올리브오일

올리브오일의 종류

인류 역사상 최고의 부자이자 석유왕으로 유명했던 인물, 존 데이비슨 록펠러가 건강을 위해 매일 올리브오일을 한 숟갈씩 먹었다는 일화가 있죠. 건강식으로 손꼽히는 지중해식 식단에서도 가장 먼저 떠올릴 수 있는 것이 바로 올리브오일이에요.

이제 우리 식탁에서도 식용유의 대체품에서 올리브오일 고유의 맛과 향을 즐기는 단계로 발전되었는데요, 여러분의 주방에서는 올리브오일을 어떻게 사용하고 계시나요? 1956년 국제기구인 IOOC(International Olive Oil Council)에서 분류 기준을 3등급으로 규정하여 다음과 같이 발표했습니다.

Extra Virgin Oil 열매를 으깨어 즙을 짜내 만든 기름, 즉 압착유를 말합니다. 열을 가하지 않는 콜드 플레싱(Cold Pressing) 방식이 사용되는 압착 올리브유는 아래에 가라앉은 과육과 위에 뜬 기름을 분리하여 포장하는데 그중에서 가장 품질이 우수한 등급이 엑스트라 버진이에요. 엑스트라 버진 등급의 올리브오일은 화학적 공정을 거치지 않으므로 신선하며, 자연의 맛에 가장 가까워 요리용으로 널리 사용되고 있습니다.

Virgin Olive Oil 엑스트라 버진 오일을 추출하기 위해 첫 번째로 압착하고 남은 과육을 두 번째로 압착해서 추출해요. 전체 올리브 시장에서 60% 를 차지하고 있죠.

Pure Olive Oil 품질 판정에서 산도가 높고 향과 맛이 기준에 미치지 못하는 올리브오일은 열을 가해 정제 처리합니다. 이렇게 정제된 올리브 오일

80%와 엑스트라 버진 등급의 올리브오일 20%를 섞어 만드는 것이 퓨어 올리브오일이에요. 황금색을 띠고 걸쭉하지 않아야 좋은 오일이랍니다.

올리브오일의 오해와 진실 흔히 엑스트라 버진 등급은 생식용, 퓨어 등급은 가열 요리용으로 나누죠. 그런데 사실은 엑스트라 버진 등급은 발연점이 높아서 가열 요리에 적합하답니다. 다만 열을 가하면 고유의 향이 어느 정도 사라지기에 가격이 저렴한 퓨어 등급 오일을 두고 비싼 엑스트라 버진 오일을 사용할 이유가 없겠죠. 하지만 버진의 경우 발연점이 150도 미만이어서 가열할 경우 금방 탈 수 있으니 열을 가하는 요리에 적합하지 않다는 것을 기억하세요.

올리브오일의 효능과 보관법

그리스 크레타섬의 주민들은 우리 몸이 필요로 하는 칼로리의 많은 부분, 약 45%를 지방을 통해 섭취하는데, 이 중 33%가 올리브오일을 통해서라고 해요. 지방 섭취가 많으면 심장질환이 많고 평균 수명도 짧아야 하지만 이곳 사람들은 건강하게 장수하고 있죠. 그 비결은 바로 올리브오일 섭취에 있습니다.
올리브오일의 대표적인 기능성으로는 항산화, 혈행 개선, 항암효과를 들 수 있어요. 올리브오일에는 올레산, 폴리페놀, 토코페롤, 인지질 등 주요 항산화제가 들어있는데 이러한 항산화 성분은 각종 질병을 예방해 주고 피부를 노화로부터 보호하는 기능이 있어요. 올리브오일에 풍부한 '올레산'은 혈액의 흐름을 부드럽게 하고 혈전과 피로 성분이 혈관 속에 쌓이지 않도록 조절해 줍니다.
올리브오일은 열과 빛을 피해 선선하고, 건조한 장소에 보관하는 것이 좋아요. 열이 많이 오르는 오븐이나 가스레인지 등에서 좀 떨어진 곳에 두고 직사광선은 꼭 피해야 하죠. 가장 좋은 온도는 섭씨 14도지만 한여름만 피한다면 상온에 보관해도 괜찮아요.
보관 용기는 어두운색의 유리병이나 스테인리스 스틸로 된 용기가 좋은데요, 만약에 대용량으로 구입했다면 어두운색의 작은 용기에 조금씩 덜어 놓고 사용하세요. 구입 후 가급적 빨리 사용하고, 사용 후에는 즉시 뚜껑을 닫아서 보관해야 합니다.

올리브오일 건강법

올리브오일은 파스타면과 아주 잘 어울리고 토마토와 함께 먹어도 좋아요. 맛과 영양을 서로 보완하는 역할을 하므로 궁합이 잘 맞는 음식이 되죠. 또 마늘과도 잘 어울리는데 올리브오일에 마늘을 듬뿍 넣고 만든 오일파스타는 마늘향이 오일의 느끼함을 가시게 해서 한국인의 입맛에도 아주 잘 맞아요. 녹색 채소, 양파, 로즈메리, 바질, 발사믹 식초와도 아주 잘 어울리니 다양하게 활용해보세요.
그리스, 터키에서는 숙취 때문에 머리가 아플 때 올리브오일에 레몬즙을 곁들여서 마신다고 해요. 고급 엑스트라 버진을 컵에 따라 마셔보면 기름 맛보다는 풀 향과 사과 향이 살짝 나다가 삼킬 때 목에서 칼칼한 맛이 느껴지는데 이는 폴리페놀이 함유되어 있기 때문이에요.
아무리 좋은 성분이 많이 들어있는 기름도 1g당 9㎉로 열량이 높기 때문에 한꺼번에 많이 먹지 않도록 주의해야 합니다.

epilogue

좋은 먹거리로 건강 상류층이 되세요

여왕벌과 일벌의 수명 시계는 태어날 때부터 다를까요? 놀랍게도 유전자는 100% 일치한답니다. 그들은 같은 수정란에서 태어납니다. 다만 여왕벌은 특별히 왕대(王臺)에서 영양이 풍부한 왕유(王乳)를 공급받아서 자랍니다. 먹이에 따라서 2, 3개월 동안 일만 하다가 죽는 일벌이 될지, 아니면 수년간 살아가는 여왕벌이 될지가 결정되는 거죠.

먹는 행위가 얼마나 중요한 일인지 생각하게 하는 대목입니다. 우리는 다행히도 '먹는 행위'를 나의 자유의지로 결정할 수 있어요. 어떤 몸으로 나이 들 것인지 내가 선택할 수 있는 거죠. 그 열쇠는 바로 '무엇을 어떻게 먹느냐'에 달려 있습니다.

아는 만큼 보인다고 하잖아요. 음식도 마찬가지예요. 재료를 이해하고 본연의 맛을 안다면 요리를 맛보았을 때 느낌도 달라질 겁니다. 그러니 이 책을 읽으며 직접 요리를 해 보라고 권하고 싶어요. 식재료를 선택하고 또 조리를 위해 재료를 손수 다듬다 보면 자연히 재료에 관심을 갖게 됩니다. 자연이 가진 고유의 형태와 다양하고 신비로운 색을 보면서 친근함을 느끼게 되죠.

요리는 우리를 능동적인 주체로 만들어 줍니다. 정말 귀하고 보람된 일이에요.

건강을 잃으면 모든 것을 잃는다고 말합니다. 내 몸에 들어갈 음식이니 직접 챙기고 관심을 가지길 바랍니다. 믿을 수 있는 단골 식당을 정해 두는 것도 좋은 방법이에요. 맛도 물론 중요하지만 레스토랑의 청결 여부와 신선한 재료를 사용하는지 깐깐하게 따져봐야 합니다.

책을 마치며 텔로미어를 늘려주는 좋은 식재료 중심의 식단으로 소식하는 습관을 들여야 한다고 강조하고 싶어요. 음식을 절제하는 것이 결코 쉽지 않은 일이지만, 나이가 들수록 더욱 중요하다고 생각해요. 건강 상류층으로 당당히 성공의 낙원으로 들어갈 것인지는 우리의 노력과 선택에 달려 있습니다.

index

건강 상류층 식탁의 비밀

텔로미어 식단

노벨 의학상이 밝힌 텔로미어 효과
DNA가 젊어지는 최고의 식사법

초판 1쇄 발행 2021년 1월 8일
3쇄 발행 2021년 7월 1일

글쓴이 이채윤
자문위원 이정희
펴낸이 김말주
chief editor 정수정
디자인 전윤신 @thepage_jjeon
사진 조인기
푸드스타일링 김지현 kjih330@naver.com
장소협찬 청리움(www.cheongrium.com)
펴낸곳 (주)아이리치코리아
등록일자 2012년 12월 10일
신고번호 제 2012-000385호
주소 서울 서초구 서초중앙로 18, 309호
대표전화 t. 02-545-7058 f. 02-757-4306

ISBN 978-89-98584-21-4
KRW 16,800